全国二级造价工程师考试辅导用书

二级造价师通关宝典

——安装实务篇

广联达课程委员会 编

U0172219

中国建筑工业出版社

图书在版编目（CIP）数据

二级造价师通关宝典. 安装实务篇 / 广联达课程委员会编著. —北京：中国建筑工业出版社，2020.10

全国二级造价工程师考试辅导用书

ISBN 978-7-112-25434-7

Ⅰ. ①二… Ⅱ. ①广… Ⅲ. ①建筑造价管理—资格考试—自学参考资料 Ⅳ. ①TU723.3

中国版本图书馆CIP数据核字（2020）第170263号

本书依照考试大纲及教材对二级造价工程师考试中的安装工程科目进行讲解，将教材内容进行系统化梳理，以思维导图、图表等为主要表现形式，结构清晰，一目了然。同时针对各省计价部分不同的问题，为各省考生提供了定制内容。

本书主要内容包括第一章安装工程专业基础知识、第二章安装工程计量、第三章安装工程工程计价三部分，本书可供参加全国二级造价工程师执业资格考试的考生及相关专业人士参考使用。

《全国二级造价工程师考试辅导用书》中的《二级造价师通关宝典——安装实务篇》。

责任编辑：李　慧
版式设计：锋尚设计
责任校对：李美娜

全国二级造价工程师考试辅导用书
二级造价师通关宝典——安装实务篇
广联达课程委员会　编著

*

中国建筑工业出版社出版、发行（北京海淀三里河路9号）
各地新华书店、建筑书店经销
北京锋尚制版有限公司制版
北京圣夫亚美印刷有限公司印刷

*

开本：787毫米×1092毫米　1/16　印张：10　字数：230千字
2021年3月第一版　2021年3月第一次印刷
定价：**40.00**元
ISBN 978-7-112-25434-7
（36385）

版权所有　翻印必究
如有印装质量问题，可寄本社图书出版中心退换
（邮政编码 100037）

本书编委会

主任委员：梁　晓

副主任委员：郭玉荣

主　　编：梁丽萍　高永明　陈　统　武翠艳

编　　委：（按照姓氏笔画排序）

马会娣　王　迪　牛清华　刘旭红　孙海英　利孔腾　何丽娟　陈金慧

周　洁　范鸿宇　贺新梅　赵红艳　胡荣洁　院景财　徐　明　袁辉雄

傅东海　谢　静　裴　培

序　言

造价工程师职业资格制度是我国工程造价管理的主要制度之一。2016年12月，人力资源社会保障部按照国务院的要求公布了《国家职业资格目录清单》，其中，专业技术人员职业资格58项，造价工程师资格位列其中，类别为准入类，即国家行政许可范畴。2018年7月住房和城乡建设部、交通运输部、水利部、人力资源社会保障部共同发布了关于印发《造价工程师职业资格制度规定》《造价工程师职业资格考试实施办法》的通知（建人〔2018〕67号）。通知明确：国家设置造价工程师准入类职业资格。工程造价咨询企业应配备造价工程师；工程建设活动中有关工程造价管理岗位按需要配备造价工程师。造价工程师分为一级造价工程师和二级造价工程师。住房和城乡建设部、交通运输部、水利部、人力资源社会保障部共同制定造价工程师职业资格制度，并按照职责分工负责造价工程师职业资格制度的实施与监管。各省、自治区、直辖市住房和城乡建设、交通运输、水利、人力资源社会保障行政主管部门，按照职责分工负责本行政区域内造价工程师职业资格制度的实施与监管。这两个文件，构建了造价工程师职业资格的制度基础，也使在去行政化的大背景下，造价工程师职业资格制度的含金量进一步提高。

2019年，住房和城乡建设部、交通运输部、水利部，又共同发布了经人力资源社会保障部审定的《全国二级造价工程师职业资格考试大纲》，至此二级造价工程师职业资格制度全面落地，各地也陆续开始编制职业资格考试辅导教材，部分省份也进行了首次考试，取得了非常好的效果。本人有幸参与了制度建设，中国建设工程造价管理协会《建设工程造价管理基础知识》和部分省份《建设工程计量与计价实务》科目的审定工作，也深感各地对二级造价工程师职业资格考试的重视和高度负责。

广联达公司应社会及市场需要，按照《全国二级造价工程师职业资格考试大纲》编制了《建设工程造价管理基础知识》和部分省份《建设工程计量与计价实务》（土木建筑工程、安装工程）3本辅导教材，并送我审阅。我深感这个辅导教材确实凝聚了编制人员的智慧与辛劳。一是辅导教材是在吃透《全国二级造价工程师职业资格考试大纲》要求的基础上编制的，符合大纲要求；二是辅导教材以思维导图、图表等为主要表现形式，结构清晰，一目了然，特别适合工程人员全面理解与掌握，可以减少大家系统理解和记忆的时间，对考试是有益的；三是这套辅导教材也可以作为知识性读本供从事设计、施工、咨询的工程造价专业人员日常参考。

但是，本人依然要强调，对于二级造价工程师职业资格考试，任何一个考生要首先把握大纲的要求，然后选择适用或指定的辅导教材进行学习，最后，通过本辅导教材来梳理知识体系，强化记忆。

预祝考生们考出好的成绩！

吴佐民

2020年4月20日

前　言

二级造价师是近年国家推出的新证书，满足了造价师证书级别中的初中级证书需求，这对广大初中级造价人员来说是一个利好消息。广联达课程委员会在了解广大考生的需求后，精心策划编写了本套辅导书，旨在帮助二级造价师备考人员梳理并巩固教材重点内容。

由于二级造价师考试存在一定的地区差异性，本书分为两大部分，第一部分是通用内容，第二部分是针对性的地区差异内容，可以满足各地区考生的复习需求。

本书通过以下四种考证类高效复习方法帮助广大考生缩短学习时间，精准记忆考点、延长记忆周期，增加通过几率。

1. 表格划线法——通过表格表现形式将教材中的全部内容梳理出来，去掉非重点和串讲内容，直接以表格排比、对比等形式罗列重点考点，并将其中的“重点字句”标为蓝色，可以明确地看到重点。这种方法逻辑清晰，重点明确，容易记忆，缩短了考生们自己梳理总结的时间。

2. 思维导图法——学习完表格内容之后，知识点后紧跟一张思维导图，用于对知识点的快速复习，有利于考生对每个大知识点的整体框架的把握，做到心中有数，对每一节中有几个知识点和考点一目了然，方便回顾温习，延长了考生对已学知识点的记忆周期。

3. 同步习题法——俗话说“光学不练假把式”，因此本辅导书在每一个大知识点后都有相应的同步练习题，均为经典题型，让考生们得以及时练习所学知识点，巩固和运用知识点，明白考试中是如何出题的。每道题均配有详细的解析，让考生们在解析中明白选择正确答案的理由，知道出题老师一般会在哪些地方“挖坑”，从而避免“掉坑”，增加考生们的考试通过几率。

4. 本地案例法——针对地区差异内容，我们联合各地区造价领域内的资深专家针对各地区清单计量和定额组价部分共同研发了各地区定制案例（正文扫码获取）。案例题有题目背景、图纸并以各地区的定额规则进行计算解析，帮助考生反复练习熟悉做题思路及答题方法，使考生对二级造价师考试中占比较大的案例部分有比较准确的理解，进一步增加考生们的考试通过几率。

以上方法可以使考生从了解到掌握再到深入运用知识点答对题，循序渐进，反复加深记忆。为了帮助广大考生更好地学习，我们专设了反馈通道，如您发现本书有误之处请扫描右侧二维码反馈问题，编委会将及时勘误！

广联达课程委员会

广联达立足建筑产业20余年，一直秉承服务面对面，承诺心贴心的服务理念，坚持为客户提供及时、专业、贴心的高品质服务。广联达课程委员会，一个为用户而生的异地虚拟组织，成立于2018年3月，它汇聚全国各省市二十余位广联达特一级讲师及实战经验丰富的专家讲师，秉承专业、担当、创新、成长的文化理念，怀揣着“打造建筑人最信赖的知识平台”的美好愿望，肩负“做建筑行业从业者知识体系的设计者与传播者”的使命，以“建立完整课程体系，打造广联达精品课程，缩短用户学习周期，缩短产品导入周期”为职责，用心做精品、专业助成长。

为搭建专业的讲师团队，广联达课程委员会制定严格的选拔机制，选取全国专业能力最强、实战经验最丰富的顶尖服务人员，对他们统一形象、统一包装提高广联达品牌知名度，并制定了一套行之有效的培养管理体系。

广联达课程委员会不断研究用户学习场景、探索实际业务需求，经过20多名成员的共同努力，无数版本的实战迭代，搭建出了一套线上、线下、书籍三位一体的广联达培训课程体系，围绕了解–会用–用好–用精4个学习阶段针对不同阶段的用户开展不同的课程，录播推出认识系列、玩转系列、高手系列、精通系列课程，打造“新品速递”“实战联盟”“高手秘籍”“案例说”等爆款直播栏目，覆盖30余万人次，缩短用户学习长成周期，提高工作效率。

成立两年来，广联达课程委员会一直保持高标准、严要求，每个课件的出炉，都要经历3次以上定位、框架、内容的评审，输出全套的课程编制表说明书、课件PPT、讲师手册、学员手册、课程案例、课程考题资料，再通过3次以上试讲，才能与用户见面。每年仅仅2~3次5天的集中内容生产，委员会生产了83套共4个阶段的课程，内容涉及土建、安装、装饰、市政、钢构等各大专业，为用户提供了丰富的学习内容，得到用户的广泛认可。

为了让用户能够更加便捷地获取知识，课程委员会在传播渠道上继续找寻新的突破口，

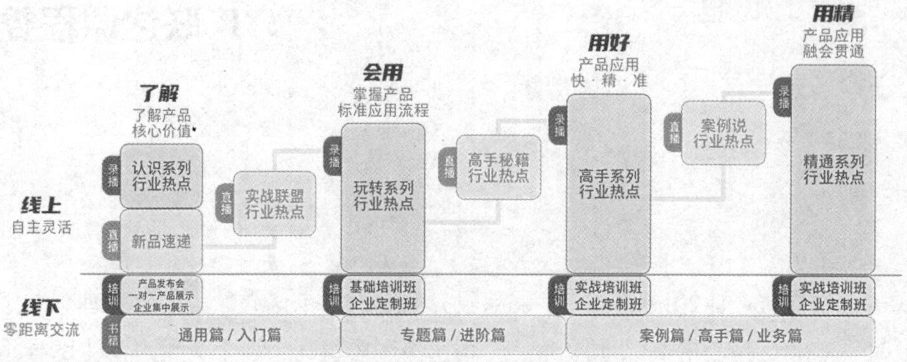

广联达培训课程体系

深入研究各类业务场景，开始尝试编制书籍，2018年底的内部资料《高手秘籍》《案例说》合集，一经出炉即被抢空，两个月线上观看10万余人次。2019年与中国建筑工业出版社合作，出版正式书籍《广联达算量应用宝典——土建篇》，2个月销售量3万册，跻身畅销书行列，成为广大造价人员手中的一本备查手册，并且搭建了工程造价人员必备工具丛书体系，2020年将不断完善，持续输出5本书籍，让无论处在哪个学习阶段的造价人，都可以找到自己合适的内容。

广联达课程委员会是一支敢为人先的专业团队，一支不轻言弃的信赖团队，一支担当和成长并驱的创新团队，经过两年的运作，在分支的支持和产品线的配合下，共输出5个体系化方法论、2本内部刊物、1本广联达算量应用宝典书籍以及20多份标准制度流程，生产内容覆盖用户60万人，得到了用户的认可。课程委员会的努力不仅提高了用户学习效率、缩短了学习周期，也树立了广联达公司的专业品牌形象，培养了一批专业人才。

通往梦想的路还很漫长，肩负的使命从不忘却，广联达课程委员会不忘初心、砥砺前行，2020年邀请8名具有丰富实战经验的业务专家加入，与广联达共同生产行业专业课程、造价人员职业规划课程、职业考试资质辅导等课程，梳理知识体系，搭建用户岗位级的学习知识地图，为广大造价从业者提供最便利最快捷的学习路径。

目录

第一章

安装工程专业基础知识

第一节　安装工程的分类特点及基本工作内容

第二节　安装工程常用材料的分类、基本性能及应用

第三节　安装工程主要施工的基本程序、工艺流程及施工方法

第四节　安装工程常用施工机械及检测仪表的类型及应用

第五节　施工组织设计的编制原理、内容及方法

第六节　安装工程相关规范的基本内容

第一节 安装工程的分类特点及基本工作内容

1.1.1 安装工程分类概述

安装工程分类

工程类型	分类条件	分类
安装工程	按照专业类型划分	1. 通用设备工程
		2. 管道和设备工程
		3. 电气和自动化控制工程
	常用安装工程	1. 电气照明及动力设备工程
		2. 通风空调工程
		3. 消防工程
		4. 给水排水、采暖及燃气工程

1. 通用设备工程

分类	涵盖内容	内容
通用设备工程	①机械设备工程	主要包括固体输送设备和电梯、泵风机和压缩机、工业炉和煤气发生设备等
	②热力设备工程	主要包括锅炉、锅炉辅助设备等
	③静置设备与工艺金属结构工程	主要包括容器、塔、换热器、油罐、球罐、气柜、火炬、排气筒等
	④消防工程	主要包括水灭火系统、气体灭火系统、泡沫灭火系统等 其中，水灭火系统又分为消火栓灭火系统、喷水灭火系统等
	⑤电气照明及动力设备工程	主要包括常用电光源、开关和插座以及动力设备的安装。 常见动力设备工程主要为电动机工程、低压电气设备工程、配管管线工程等

2. 管道和设备工程

分类	涵盖内容	内容
管道和设备工程	①给水排水、采暖、燃气工程	主要包括给水排水工程、采暖工程、燃气工程、医疗气体设备等
	②通风空调工程	主要包括通风工程、空调工程等
	③工业管道工程	主要包括热力管道系统、压缩气体管道系统、夹套管道系统、合金钢及有色金属管道、高压管道等

3. 电气和自动化控制工程

分类	涵盖内容	内容
电气和自动化控制工程	①电气工程	主要包括配变电工程、电气线路工程、防雷接地系统、电气调整实验等
	②自动控制系统	主要包括传感器、调节设备、终端设备等。 其安装主要包括温度传感器、湿度传感器、压力传感器、流量测量仪、电量变送器、电动调节阀、仪表回路模拟试验等
	③通信设备及线路工程	主要包括网络工程和网络设备、有线电视和卫星接收系统、音频和视频通信系统、通信线路工程等
	④建筑智能化工程	主要包括建筑自动化系统、安全防范自动化系统、火灾报警系统、办公自动化系统和综合布线系统等

安装工程分类概述思维导图

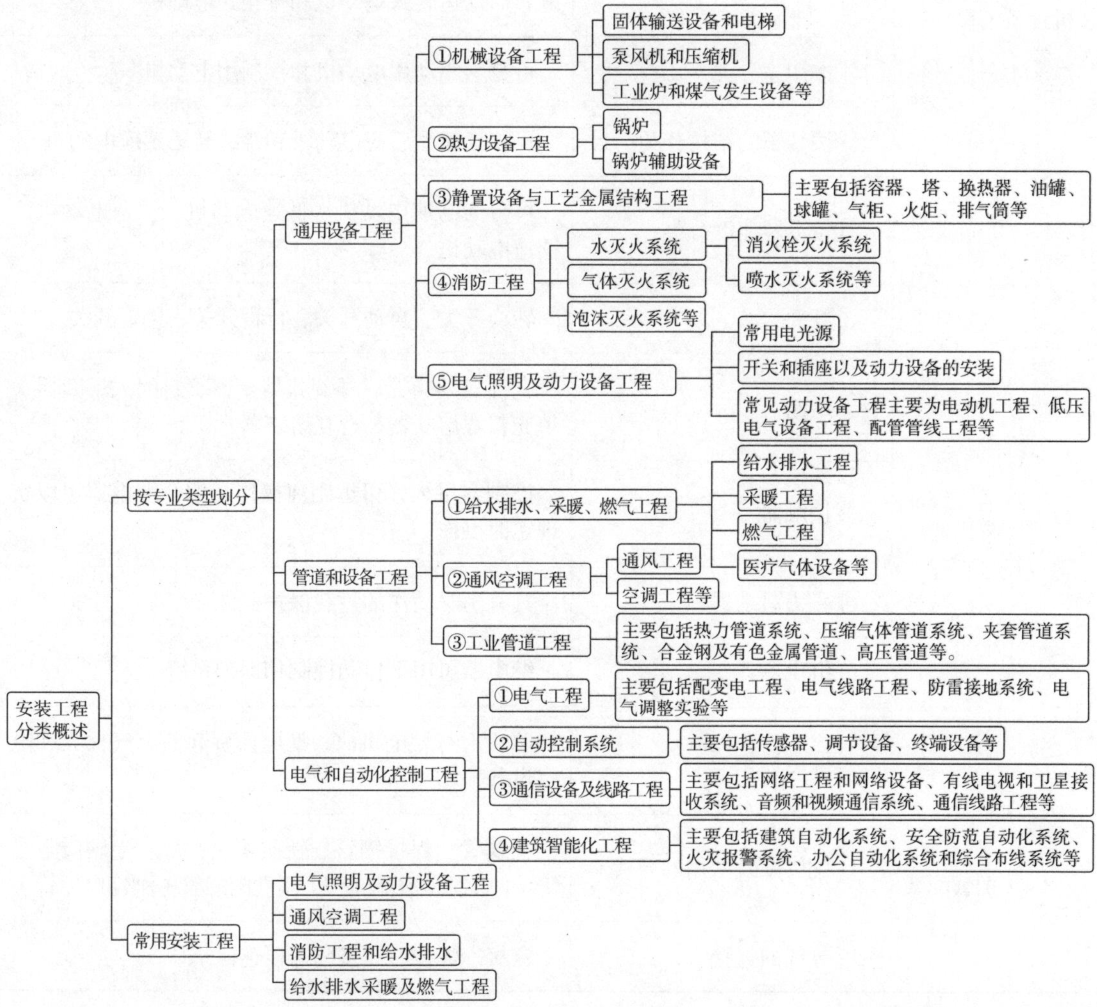

1.1.2 常用安装工程的特点及基本工作内容

1. 电气照明及动力设备工程

分类	分类条件	内容
（1）常用电气照明设备工程	①常用电光源及特性	白炽灯、卤钨灯、荧光灯、LED等
	②常用电气照明类附件	如插座、照明开关、吊扇、壁扇、换气扇等
（2）常用电动机设备工程	①按工作电源分类	根据电动机工作电源的不同，可分为直流电动机和交流电动机。 其中交流电动机又分为单相电动机和三相电动机
	②按结构及工作原理分类	可分为异步电动机和同步电动机
	③按启动与运行方式分类	可分为电容启动式电动机、电容运转式电动机、电容启动运转式电动机和分相式电动机
	④按用途分类	可分为驱动用电动机和控制用电动机
	⑤按转子的结构分类	可分为笼型感应电动机和绕线转子感应电动机
	⑥按运转速度分类	可分为高速电动机、低速电动机、恒速电动机、调速电动机
（3）常用低压电气设备工程	①开关	转换开关、自动开关、行程开关、接近开关
	②熔断器	瓷插式熔断器、螺旋式熔断器、封闭式熔断器、填充料式熔断器、自复熔断器
	③接触器	控制容量大，可远距离操作，配合继电器可以实现定时操作
	④磁力启动器	具有延时动作的过载保护器件
	⑤继电器	继电器可用于自动控制和保护系统
	⑥漏电保护器	防止人身触电事故、漏电而引起的电气火灾和电气设备损坏
（4）配管配线工程	①配管配线常用的导管	电线管、焊接钢管、硬质聚氯乙烯、半硬质阻燃管（PVC阻燃塑料管）、刚性阻燃管（刚性PVC管）
	②导线的连接	铰接、焊接、压接和螺栓连接

电气照明及动力设备工程思维导图

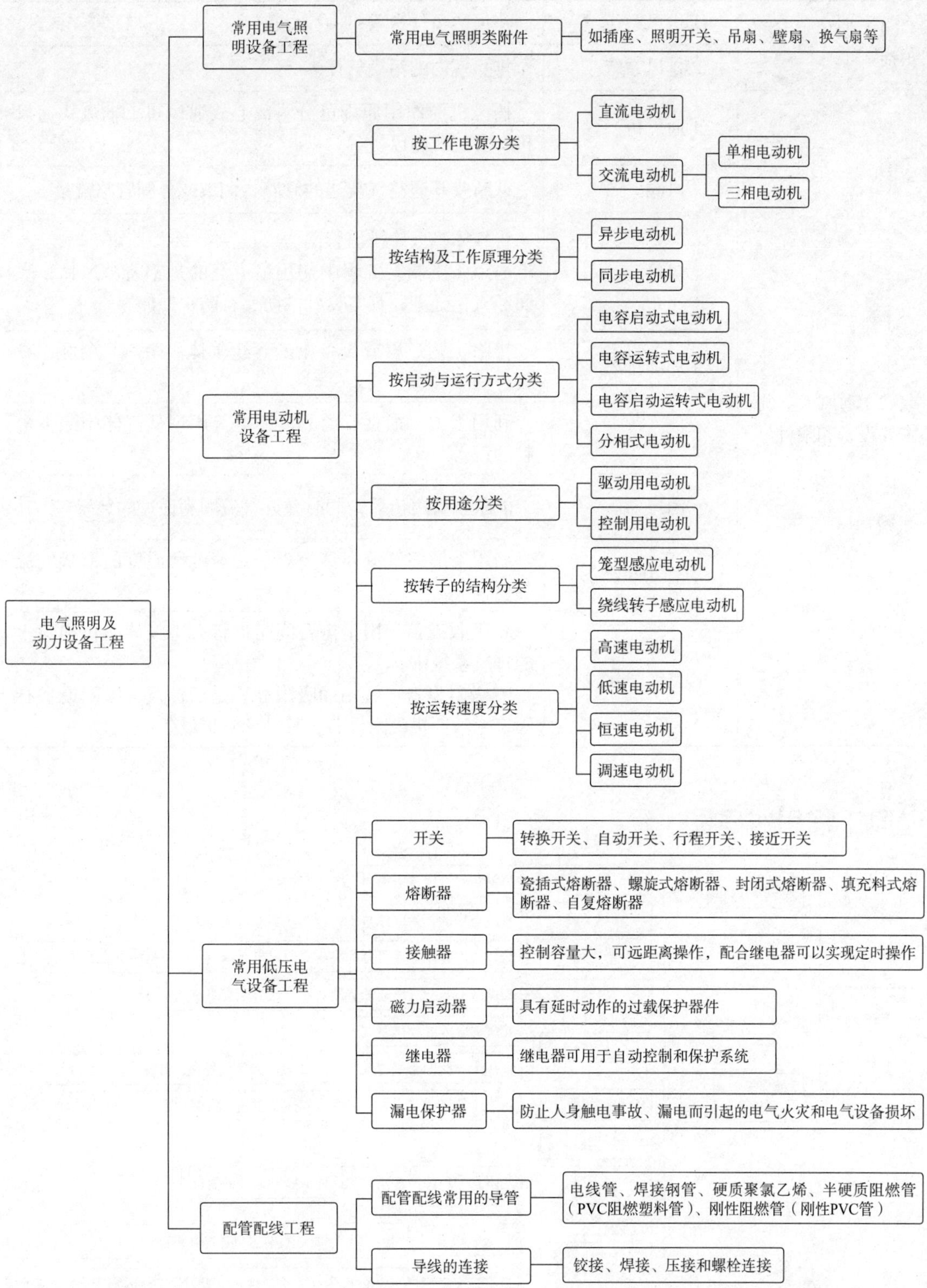

2. 通风工程

分类	涵盖内容	作用
（1）通风系统的组成	①送风系统	将清洁空气送入室内
	②排风系统	排除室内的污染气体
（2）通风（空调）主要设备和附件	①通风机	按风机的作用原理可分为离心式通风机、轴流式通风机、贯流式通风机
	②风阀	截断或开通空气流通的管路，调节或分配管路流量
	③风口	将气体吸入或排出管网。 通风（空调）工程中使用最广泛的是铝合金风口，表面经氧化处理，具有良好的防腐、防水性能
	④局部排风	排除工艺过程或设备中的含尘气体、余热、余湿、毒气、油烟等
	⑤除尘器	利用重力、惯性、离心、静电等原理从气体中除去尘粒的设备
	⑥消声器	能阻止噪声传播，同时允许气流顺利通过的装置
	⑦空气幕设备	利用条形空气分布器喷出一定速度和温度的幕状气流的设备
	⑧空气净化设备	a. 吸收设备：用于需要同时进行有害气体净化和除尘的排风系统中。 b. 吸附设备：常用的吸附介质是活性炭，吸附设备有固定床活性炭吸附设备、移动床吸附设备

通风工程思维导图

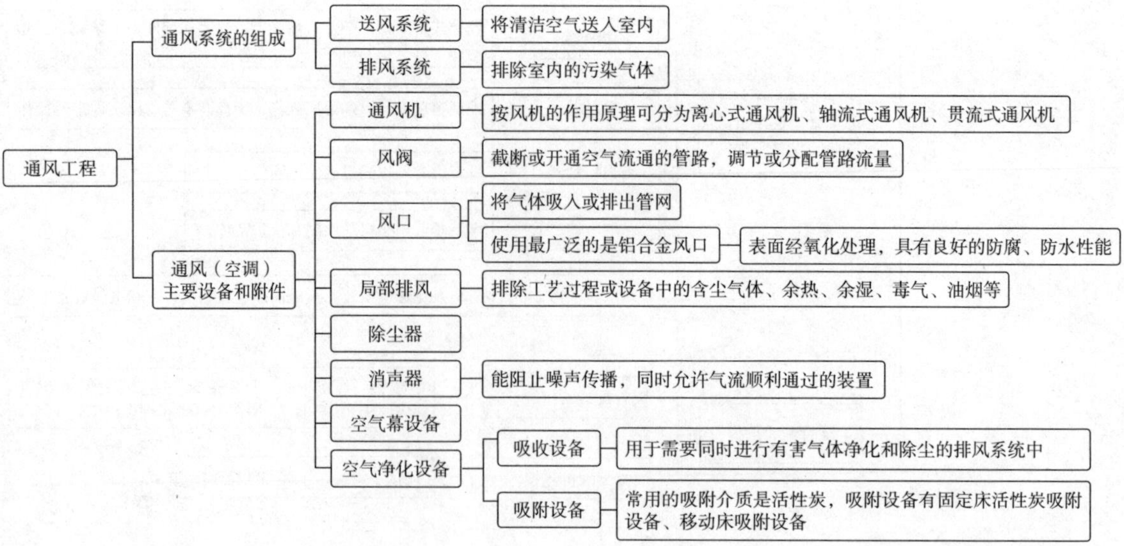

3. 空调工程

分类	涵盖内容	内容
（1）空调系统组成	空调系统包含送风系统和回风系统：在风机的动力作用下，室外空气进入新风口，与回风管中回风混合，经空气处理设备处理达到要求后，由风管输送并分配到各送风口送入室内。回风口将室内空气吸入并进入回风管（回风管上也可设置风机），一部分回风经排风管和排风口排到室外；另一部分回风经回风管与新风混合	
	①空调处理部分	包括能对空气进行热湿处理和净化处理的各种设备
	②空气输配部分	包括通风机（送、回、排风机）、风道系统、各种阀门、各种附属装置（如消声器等），以及为使空调区域内气流分布合理、均匀而设置的各种送风口、回风口和空气进出空调系统的新风口、排风口
	③冷热源部分	包括制冷系统和供热系统
	④自控系统	利用自动控制装置，保证某一特定空间内的空气环境状态参数达到期望值的控制系统
（2）空调系统主要设备及部件	①喷水室	主要优点在于能够实现对空气加湿、减湿、加热、冷却的多种处理，并具有一定的空气净化能力
	②表面式换热器	表面式换热器包括空气加热器和表面式冷却器，可以实现对空气减湿、加热、冷却等多种处理
	③空气加湿设备	对于舒适性空调，空气机组一般不需要设加湿段，只有在冬季室外空气特别干燥的情况下才设置加湿段
	④空气减湿设备	前述的喷水室和表冷器都能对空气进行减湿处理
	⑤空气过滤器	按过滤器性能划分，可分为粗效过滤器、中效过滤器、高中效过滤器、亚高效过滤器和高效过滤器
	⑥空调系统的消声与隔振装置	a. 消声装置：消声器和消声静压箱； b. 隔振装置
	⑦空调水系统设备	a. 冷却塔； b. 膨胀节
	⑧组合式空调机组	对空气进行各种热、湿、净化等处理的设备称为空气处理机组

空调工程思维导图

- 空调工程
  - 空调系统组成
    - 包含内容
      - 送风系统
      - 回风系统
    - 空调处理部分
      - 包括能对空气进行热湿处理和净化处理的各种设备
    - 空气输配部分
      - 包括通风机（送、回、排风机）、风道系统、各种阀门、各种附属装置（如消声器等），以及为使空调区域内气流分布合理、均匀而设置的各种送风口、回风口和空气进出空调系统的新风口、排风口
    - 冷热源部分
      - 包括制冷系统和供热系统
    - 自控系统
  - 空调系统主要设备及部件
    - 喷水室
      - 主要优点在于能够实现对空气加湿、减湿、加热、冷却等多种处理，并具有一定的空气净化能力
    - 表面式换热器
      - 表面式换热器包括空气加热器和表面式冷却器，可以实现对空气减湿、加热、冷却等多种处理
    - 空气加湿设备
      - 对于舒适性空调，空气机组一般不需要设加湿段，只有在冬季室外空气特别干燥的情况下才设置加湿段
    - 空气减湿设备
      - 前述的喷水室和表冷器都能对空气进行减湿处理
    - 空气过滤器
      - 按过滤器性能划分，可分为粗效过滤器、中效过滤器、高中效过滤器、亚高效过滤器和高效过滤器
    - 空调系统的消声与隔振装置
      - 消声装置
        - 消声器
        - 消声静压箱
      - 隔振装置
    - 空调水系统设备
      - 冷却塔
      - 膨胀节
    - 组合式空调机组
      - 对空气进行各种热、湿、净化等处理的设备称为空气处理机组

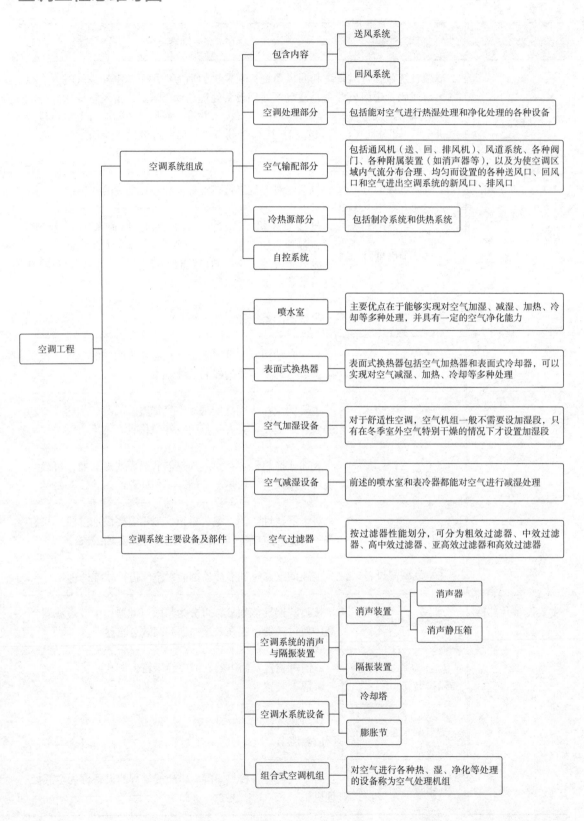

4. 消防工程

<table>
<tr><th>工程类型</th><th>分类条件</th><th>分类</th><th>含义</th></tr>
<tr><td rowspan="4">消防工程</td><td rowspan="4">按照专业类型划分</td><td>A类火灾</td><td>木材、布类、纸类、橡胶和塑胶等普通可燃物的火灾</td></tr>
<tr><td>B类火灾</td><td>可燃性液体或气体的火灾</td></tr>
<tr><td>C类火灾</td><td>电气设备的火灾</td></tr>
<tr><td>D类火灾</td><td>钾、钠、镁等可燃性金属或其他活性金属的火灾</td></tr>
</table>

对于各类火灾，根据构筑物的性质、功能及燃烧物特性，可以使用水、泡沫、干粉、气体（二氧化碳等）等作为灭火剂来扑灭火灾。

<table>
<tr><th>分类</th><th>涵盖内容</th><th>内容</th></tr>
<tr><td rowspan="4">（1）水灭火系统</td><td rowspan="2">①消火栓灭火系统</td><td>该系统由消防给水管网，消火栓、水带、水枪组成的消火栓箱柜，消防水池，消防水箱，增压设备等组成</td></tr>
<tr><td>a. 低层建筑利用室外消防车从室外水源取水，直接扑灭室内火灾。
b. 高层建筑的高度超过了室外消防车的有效灭火高度，无法利用消防车直接扑救高层建筑上部的火灾，所以高层建筑发生火灾时，必须以“自救”为主。高层建筑室内消火栓给水系统是扑救高层建筑室内火灾的主要灭火设备之一</td></tr>
<tr><td rowspan="2">②喷水灭火系统</td><td>a. 自动喷水灭火系统
自动喷水灭火系统是一种能自动启动喷水灭火，并能同时发出火警信号的灭火系统，可以用于公共建筑、工厂、仓库等一切可以用水灭火的场所</td></tr>
<tr><td>b. 水喷雾灭火系统
利用水雾喷头在一定水压下将水流分解成细小水雾灭火或防护冷却的灭火系统</td></tr>
<tr><td rowspan="3">（2）气体灭火系统</td><td>①二氧化碳灭火系统</td><td>该系统通过向保护空间喷放二氧化碳灭火剂，稀释氧浓度、窒息燃烧和冷却等物理作用扑灭火灾</td></tr>
<tr><td>②七氟丙烷灭火系统</td><td>七氟丙烷是一种以化学方式灭火为主的洁净气体灭火剂，该灭火剂无色、无味、不导电、无二次污染，具有清洁、低毒、电绝缘性好、灭火效率高的特点</td></tr>
<tr><td>③IG541混合气体灭火系统和热气溶胶预制灭火系统</td><td>IG541混合气体灭火系统和热气溶胶预制灭火系统，是利用新型灭火剂发展起来的新型灭火系统</td></tr>
<tr><td>（3）泡沫灭火系统</td><td colspan="2">泡沫灭火系统是采用泡沫液作为灭火剂，主要用于扑救非水溶性可燃液体和一般固体火灾，如商品油库、煤矿、大型飞机库等。具有安全可靠、灭火效率高的特点</td></tr>
<tr><td rowspan="2">室内消火栓给水系统</td><td>室内消火栓</td><td>该系统由消防给水管网，消火栓、水带、水枪组成的消火栓箱柜，消防水池、消防水箱，增压设备等组成</td></tr>
<tr><td>消防水泵结合器</td><td>当室内消防用水最不能满足消防要求时，消防车可通过水泵接合器向室内管网供水灭火</td></tr>
</table>

消防工程思维导图

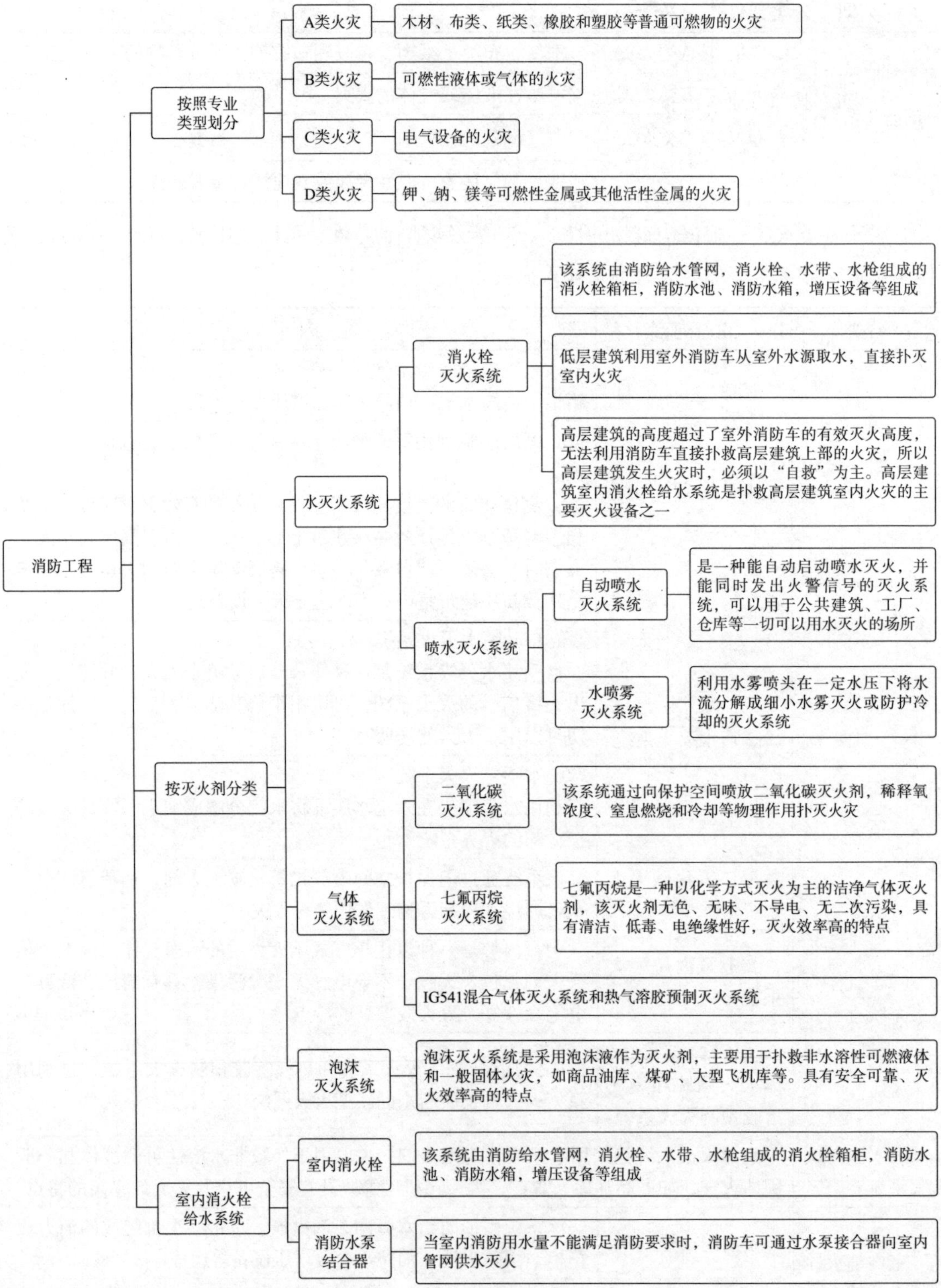

消防工程
按照专业类型划分
A类火灾
木材、布类、纸类、橡胶和塑胶等普通可燃物的火灾
B类火灾
可燃性液体或气体的火灾
C类火灾
电气设备的火灾
D类火灾
钾、钠、镁等可燃性金属或其他活性金属的火灾
按灭火剂分类
水灭火系统
消火栓灭火系统
该系统由消防给水管网，消火栓、水带、水枪组成的消火栓箱柜，消防水池、消防水箱，增压设备等组成
低层建筑利用室外消防车从室外水源取水，直接扑灭室内火灾
高层建筑的高度超过了室外消防车的有效灭火高度，无法利用消防车直接扑救高层建筑上部的火灾，所以高层建筑发生火灾时，必须以“自救”为主。高层建筑室内消火栓给水系统是扑救高层建筑室内火灾的主要灭火设备之一
喷水灭火系统
自动喷水灭火系统
是一种能自动启动喷水灭火，并能同时发出火警信号的灭火系统，可以用于公共建筑、工厂、仓库等一切可以用水灭火的场所
水喷雾灭火系统
利用水雾喷头在一定水压下将水流分解成细小水雾灭火或防护冷却的灭火系统
气体灭火系统
二氧化碳灭火系统
该系统通过向保护空间喷放二氧化碳灭火剂，稀释氧浓度、窒息燃烧和冷却等物理作用扑灭火灾
七氟丙烷灭火系统
七氟丙烷是一种以化学方式灭火为主的洁净气体灭火剂，该灭火剂无色、无味、不导电、无二次污染，具有清洁、低毒、电绝缘性好，灭火效率高的特点
IG541混合气体灭火系统和热气溶胶预制灭火系统
泡沫灭火系统
泡沫灭火系统是采用泡沫液作为灭火剂，主要用于扑救非水溶性可燃液体和一般固体火灾，如商品油库、煤矿、大型飞机库等。具有安全可靠、灭火效率高的特点
室内消火栓给水系统
室内消火栓
该系统由消防给水管网，消火栓、水带、水枪组成的消火栓箱柜，消防水池、消防水箱，增压设备等组成
消防水泵结合器
当室内消防用水量不能满足消防要求时，消防车可通过水泵接合器向室内管网供水灭火

5. 给水排水工程

5.1 给水系统

分类	涵盖内容	内容
（1）室外给水系统	①室外给水系统的组成	a. 取水构筑物。 b. 水处理构筑物。 c. 泵站。可分为抽取原水的一级泵站、输送清水的二级泵站和设于管网中的加压泵站。 d. 输水管渠和管网。输水管是将原水输送到水厂的管渠，当输水距离在10km以上时为长距离输送管道；配水管网则是将处理后的水配送到各个给水区的用户。 e. 调节构筑物。它包括高地水池、水塔、清水池等。用以贮存和调节水量。高地水池和水塔兼有保证水压的作用
	②配水管网的布置形式和敷设方式	配水管网有树状网和环状网两种形式。 配水管网一般采用埋地敷设，覆土厚度不小于0.7m，并且在冰冻线以下。通常沿道路或平行于建筑物铺设。配水管网上设置阀门和阀门井
（2）室内给水系统	①室内给水系统组成	室内给水系统由引入管（进户管）、水表节点、管道系统（干管、立管、支管）、给水附件（阀门、水表、配水龙头）等组成
	②给水方式及特点	室内给水方式主要有直接给水方式，单设水箱供水方式，设贮水池、水泵的给水方式，设水泵、水箱的给水方式，竖向分区给水方式等

5.2 排水系统

分类	涵盖内容	内容
排水系统	①排水系统分类	根据所接纳的污废水类型不同，可分为生活污水管道系统、工业废水管道系统和屋面雨水管道系统三类
	②排水系统体制	建筑排水体制分为合流制和分流制
	③室外排水系统组成	室外排水系统由排水管道、检查井、跌水井、雨水口和污水处理厂等组成
	④室内排水系统组成	a. 卫生器具或生产设备受水器，是排水系统的起点。 b. 存水弯。 c. 排水管道系统。 d. 通气管系统。 e. 清通设备

5.3 热水供应系统

分类	涵盖内容	内容
热水供应系统	①热水供应系统的组成	a. 热源供应设备。主要是锅炉，当有条件时，也可以利用工业余热、废热、地热和太阳能为热源。 b. 换热设备和热水贮存设备。换热设备常指加热水箱和换热器，它们用蒸汽或高温水把冷水加热成热水。热水贮存设备用于贮存热水，有热水箱和热水罐

续表

分类	涵盖内容	内容
热水供应系统	①热水供应系统的组成	c. 管道系统。管道上安装有阀门、补偿器、排气阀、泄水装置等附件。 d. 其他设备
	②热水供应系统分类	按供水范围分类：局部热水供应系统、集中热水供应系统、区域热水供应系统

给水排水工程思维导图

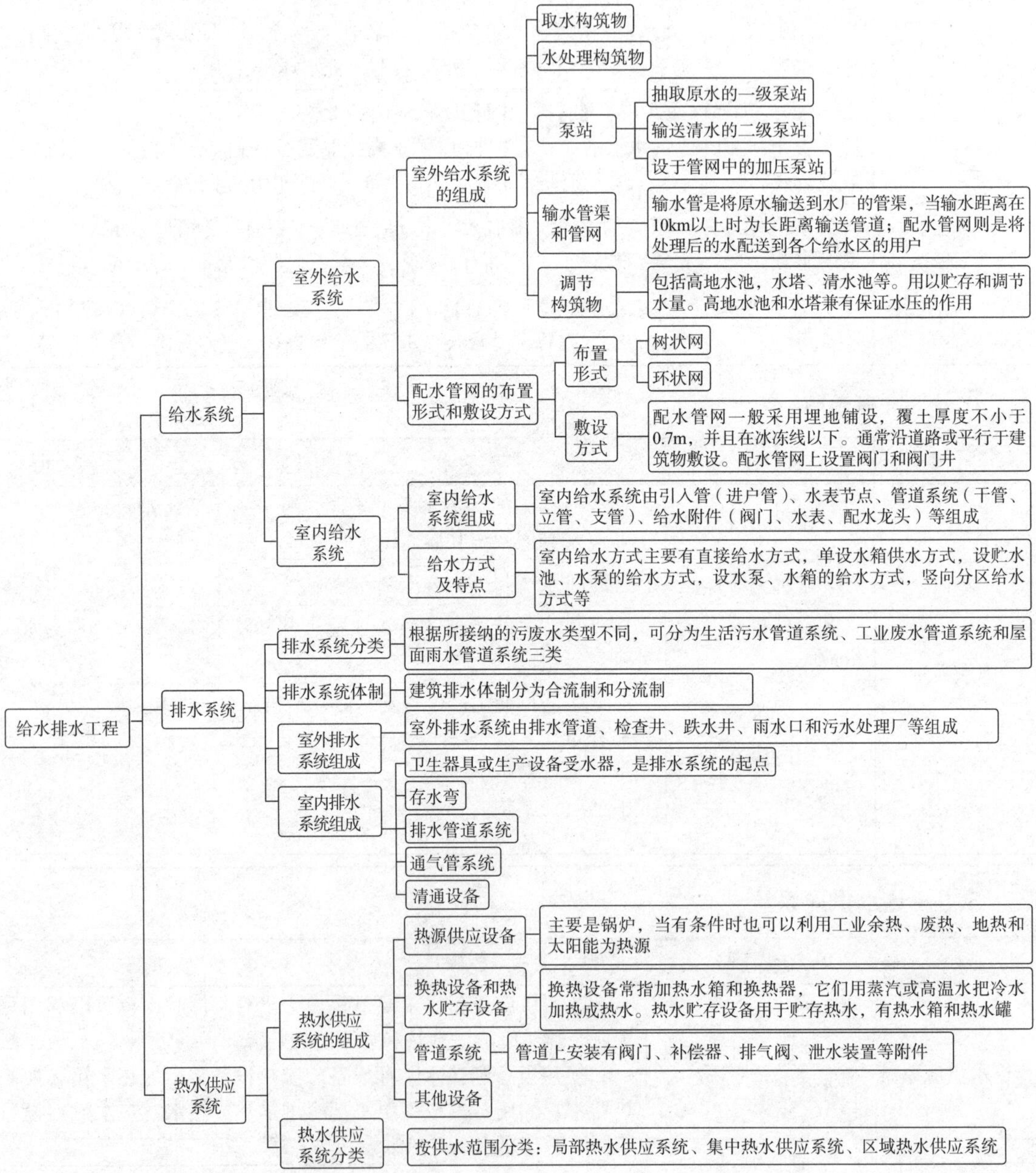

6. 采暖工程

分类	涵盖内容	内容
（1）热源	①热媒选择	采暖系统常用热媒是水、蒸汽和空气。热媒的选择应根据安全、卫生、经济、建筑物性质和地区供暖条件等因素综合考虑
	②供热设备	a. 供热锅炉； b. 地源热泵
（2）热网的组成和分类	①热网的组成	热网包括管道系统和安装在其上的附件
	②按布置形式划分	枝状管网、环状管网、辐射状管网
	③按介质的流动顺序划分	a. 一级管网：由热源至换热站的管道系统。 b. 二级管网：由换热站至热用户的管道系统
	④按热网与采暖用户的连接方式划分	直接连接、间接连接
（3）采暖系统的组成和分类	①采暖系统的组成	室内采暖系统（以热水采暖系统为例），一般由主立管、水平干管、支立管、散热器横支管、散热器、排气装置、阀门等组成
	②采暖系统的分类	a. 按热媒种类分类：热水采暖系统、蒸汽采暖系统、热风采暖系统。 b. 按循环动力分类：重力循环系统、机械循环系统。 c. 按供暖范围分类：局部采暖系统、集中采暖系统、区域采暖系统

采暖工程思维导图

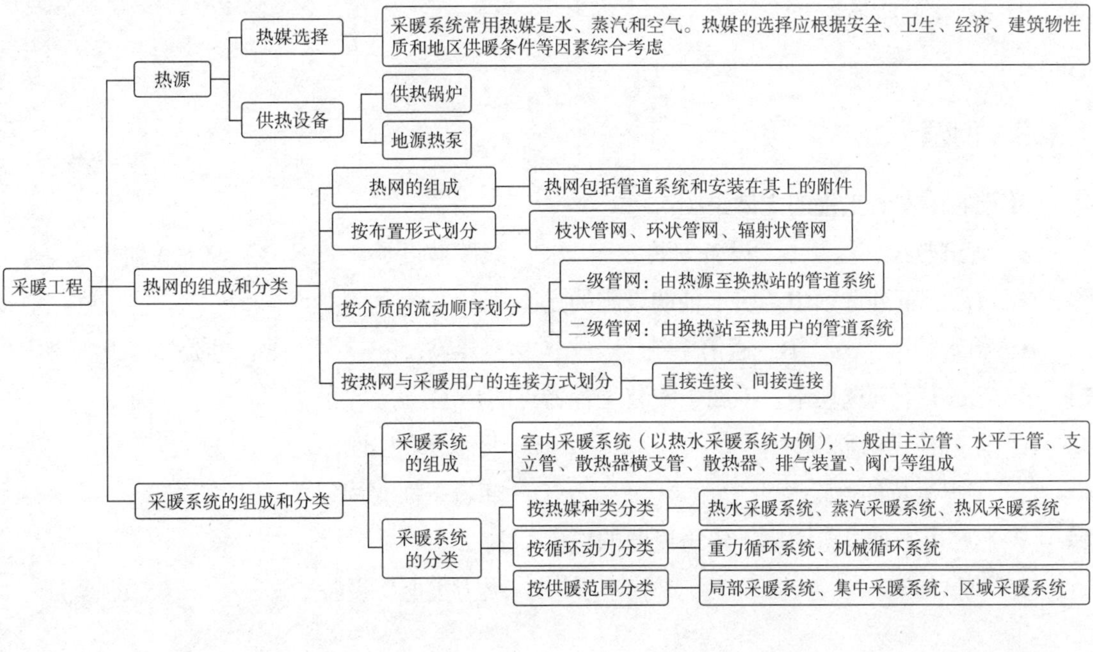

7. 燃气工程

分类	涵盖内容	内容
燃气工程	①燃气的分类	主要有天然气、人工煤气和液化石油气三大类，另有沼气
	②燃气供应系统	a. 燃气供应系统主要由气源、输配系统和用户三部分组成。 b. 包括燃气输配管网、储配站、调压计量装置、运行监控、数据采集系统等
	③用户燃气系统	a. 室外燃气管道。燃气高压、中压管道通常采用钢管，中压和低压采用钢管或铸铁管，塑料管多用于工作压力不超过0.4MPa的室外地下管道。 b. 室内燃气管道

燃气工程思维导图

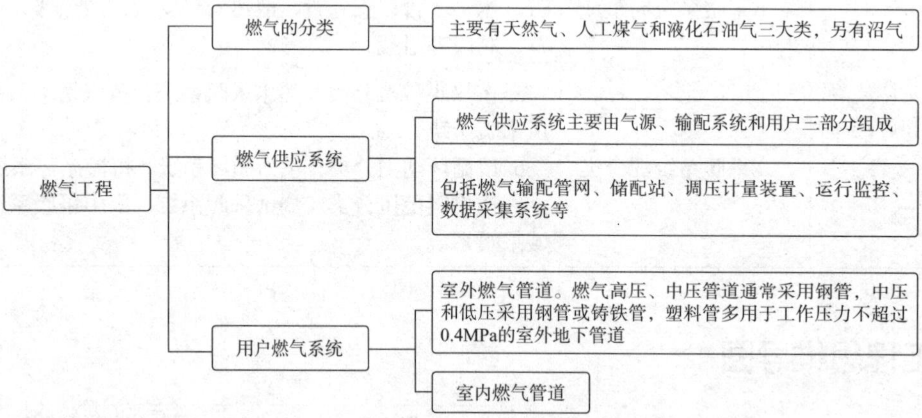

1.1.3 例题

❶【单选题】**安装工程的主体是（　　）。**

A．管道敷设　　B．设备安装　　C．线路敷设　　D．设备基础

❷【单选题】**下列选项中，属于辅助设施的是（　　）。**

A．给水管网　　B．通信系统　　C．空压站　　D．办公楼

❸【单选题】**下列选项中，不属于安装工程特点的是（　　）。**

A．工程建设的危险性　　B．设计的多样性

C．工程运行的危险性　　D．环境条件的苛刻性

❹【多选题】**下列设备中属于建筑设备的是（　　）。**

A．机械加工厂设备　　B．火力发电厂设备

C. 采暖供热设备　　　　　　　　　　D. 给排水设备

5 【多选题】下列选项中，属于相关工程的是（　　）。

A. 宿舍区　　　　B. 消防设备站　　　　C. 热力总管　　　　D. 引入的电力线路

1.1.4 例题解析

1 【答案】B

【解析】本题考察的知识点是安装工程的基本概念和工作内容。安装中的设备价格比较贵重，影响整个系统功能，所以设备安装一般为安装主体，其他的管道、线路、设备基础都是非主体、非关键性工作。

2 【答案】C

【解析】本题考察的知识点是安装工程的基本分类。给水管网属于主要设施，通信系统属于相关工程，空压站提供动力，属于辅助设施，办公楼属于主体，生活办公的地方。

3 【答案】A

【解析】本题考察的知识点是安装工程的基本特点。分析A、C答案相似，故优先从两项中选择其一。安装工程在建设中的风险相对来说不大，故A不属于，但需要考虑其运行中的危险性。

4 【答案】CD

【解析】本题考察的知识点是建筑设备的基本内容。建筑设备是由给排水设备、通风空调、电梯和采暖供热设备组成。火力发电厂、机械加工厂属于工业设备。

5 【答案】CD

【解析】本题考察的知识点是工程分类，宿舍区属于生活办公设施，消防设备站属于消防系统，热力总管、引入的电力线路属于相关工程。

第二节　安装工程常用材料的分类、基本性能及应用

1.2.1 型材、板材和管材

1. 型材

型材是铁或钢及具有一定强度和韧性的材料（如塑料、铝、玻璃纤维等）通过轧制、挤出、铸造等工艺制成的具有一定几何形状的物体。常见有型钢、塑钢型材等。

普通型钢截面如下表所示。

普通型钢截面示意表　　表1–1

型钢名称	断面形状	规格表示方法	型钢名称	断面形状	规格表示方法
圆钢	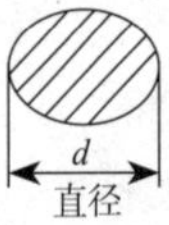	直径d	工字钢	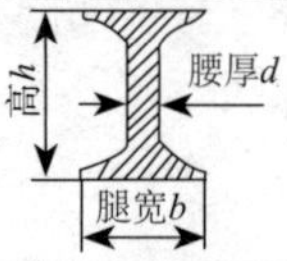	高×腿宽×腰厚 $h\times b\times d$
方钢		边长a	槽钢	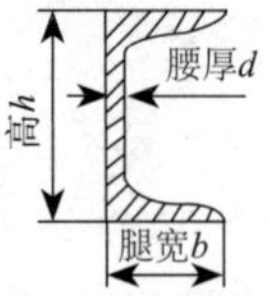	高×腿宽×腰厚 $h\times b\times d$
扁钢	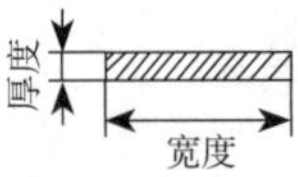	厚度×宽度	等边角钢	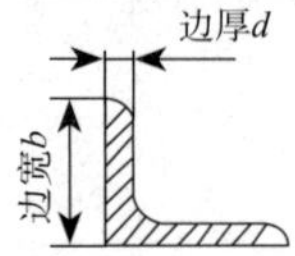	边宽×边宽×边厚 $b\times b\times d$
六角钢 八角钢	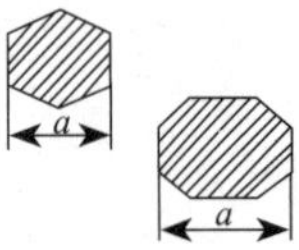	内切圆直径a （即对边距离）	不等边 角钢	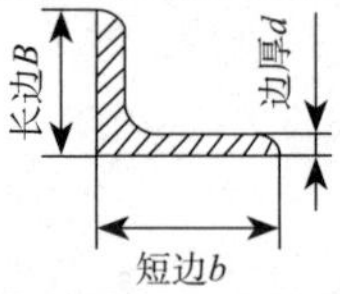	长边×短边×边厚 $B\times b\times d$

2. 板材

分类	内容
（1）钢板	普通钢板（黑铁皮）、镀锌钢板（白铁皮）、塑料复合钢板和不锈耐酸钢板等为常用钢板。普通钢板具有良好的加工性能，结构强度较高，且价格便宜，应用广泛
（2）铝合金板	延展性能好，适宜咬口连接，耐腐蚀，且具有传热性能良好，在摩擦时不易产生火花的特性，所以铝合金板常用于防爆的通风系统
（3）塑料复合钢板	塑料复合钢板是在普通薄钢板表面喷涂一层0.2～0.4mm厚且具有较好耐腐蚀性能的涂料，在保证强度的同时增加耐腐蚀性，在建筑工程中应用广泛

3. 管材

分类	涵盖内容	内容
（1）金属管材	①无缝钢管	无缝钢管可以由普通碳素钢、普通低合金钢、优质碳素结构钢、优质合金钢和不锈钢制成
		无缝钢管比焊接钢管有较高的强度，一般能承受3.2~7.0MPa的压力
	②焊接钢管	焊接钢管分为焊接钢管（黑铁管）和将焊接钢管镀锌后的镀锌钢管（白铁管）
	③合金钢管	合金钢管用于各种锅炉耐热管道和过热器管道等。合金钢强度高。在同等条件下采用合金钢管可达到节省钢材的目的。耐热合金钢管具有强度高、耐热的优点

续表

分类	涵盖内容	内容
（1）金属管材	④铸铁管	铸铁管分给水铸铁管和排水铸铁管两种
		其特点是经久耐用，抗腐蚀性强、质较脆，多用于耐腐蚀介质及给水排水工程。铸铁管的管口连接有承插式和法兰式两种
		给水承插铸铁管分为高压管（P小于1.0MPa）、普压管（P小于0.75MPa）和低压管（P小于0.45MPa）。排水承插铸铁管，适用于污水的排放，一般都是自流式，不承受压力。双盘法兰铸铁管的特点是装拆方便，工业上常用于输送硫酸和碱类等介质
（2）非金属管材	①混凝土管	混凝土管有预应力钢筋混凝土管和自应力钢筋混凝土管两种。主要用于输水管道，管道连接采取承插接口，用圆形截面橡胶圈密封
	②陶瓷管	陶瓷管分为普通陶瓷管和耐酸陶瓷管两种。一般都是承插接口
		耐酸陶瓷管用于化工和石油工业输送酸性介质的工艺管道，以及工业中蓄电池间酸性溶液的排水管道等。 普通陶瓷管耐腐蚀，用于输送除氢氟酸、热磷酸和强碱以外的各种浓度的无机酸和有机溶剂等介质
（3）复合材料管材	①铝塑复合管	铝塑复合管是中间为一层焊接铝合金，内外各一层聚乙烯，经胶合层粘结而成的三层管。 其具有聚乙烯塑料管耐腐蚀和金属管耐压高的优点，采用卡套式铜配件连接
	②钢塑复合管	钢塑复合管是由镀锌管内壁置放一定厚度的UPVC塑料而成，因而同时具有钢管和塑料管材的优越性
	③钢骨架聚乙烯（PE）管	钢骨架聚乙烯（PE）管是以优质低碳钢丝为增强体，高密度聚乙烯为基体，通过对钢丝点焊成网与塑料挤出填注同步进行，在生产线上连续拉膜成型的新型双面防腐压力管道
		常采用法兰或电熔连接方式，主要用于市政和化工管网
	④涂塑钢管	不但具有钢管的高强度、易连接、耐水流冲击等优点，还克服了钢管遇水易腐蚀、污染、结垢及塑料管强度不高、消防性能差等缺点，设计寿命可达50年。主要缺点是安装时不得进行弯曲、热加工和电焊切割等作业
	⑤玻璃钢管（FRP管）	采用合成树脂与玻璃纤维材料，使用模具复合制造而成。 耐酸碱气体腐蚀，表面光滑，重量轻，强度大，坚固耐用，制品表面经加强硬度及防紫外线老化处理。 适用于输送潮湿和酸碱等腐蚀性气体的通风系统，可输送氢氟酸和热浓碱以外的腐蚀性介质和有机溶剂
	⑥UPVC/FRP复合管	UPVC/FRP复合管是由硬聚氯乙烯、薄壁管作内衬层，外用高强度FRP纤维缠绕多层呈网状结构作增强层，通过界面黏合剂，经过特定机械缠绕制造而成。 性能集UPVC耐腐蚀和FRP强度高、耐温性好的优点，能在温度低于80℃时耐一定压力。 产品用于油田、化工、机械、冶金、轻工、电力等行业

型材、板材、管材思维导图

- 型材、板材和管材
  - 型材
    - 型材是铁或钢及具有一定强度和韧性的材料（如塑料、铝、玻璃纤维等）通过轧制、挤出、铸造等工艺制成的具有一定几何形状的物体。常见有型钢、塑钢型材等
    - 普通型钢截面
      - 圆钢、方钢、扁钢、六角钢、八角钢、工字钢、槽钢、等边角钢、不等边角钢
  - 板材
    - 钢板
      - 普通钢板（黑铁皮）、镀锌钢板（白铁皮）、塑料复合钢板和不锈耐酸钢板等为常用钢板。普通钢板具有良好的加工性能，结构强度较高，且价格便宜，应用广泛
    - 铝合金板
      - 延展性能好，适宜咬口连接、耐腐蚀，且具有传热性能良好，在摩擦时不易产生火花的特性，所以铝合金板常用于防爆的通风系统
    - 塑料复合钢板
      - 塑料复合钢板是在普通薄钢板表面喷涂一层0.2～0.4mm厚且具有较好耐腐蚀性能的涂料，在保证强度的同时增加耐腐蚀性，在建筑工程中应用广泛
  - 管材
    - 金属管材
      - 无缝钢管
        - 无缝钢管可以用普通碳素钢、普通低合金钢、优质碳素结构钢、优质合金钢和不锈钢制成
        - 无缝钢管比焊接钢管有较高的强度，一般能承受3.2～7.0MPa的压力
      - 焊接钢管
        - 焊接钢管（黑铁管）
        - 将焊接钢管镀锌后的镀锌钢管（白铁管）
      - 合金钢管
        - 合金钢管用于各种锅炉耐热管道和过热器管道等。合金钢强度高。在同等条件下采用合金钢管可达到节省钢材的目的。耐热合金钢管具有强度高、耐热的优点
      - 铸铁管
        - 铸铁管分为
          - 给水铸铁管
            - 给水承插铸铁管分为高压管（P小于1.0MPa）、普压管（P小于0.75MPa）和低压管（P小于0.45MPa）
          - 排水铸铁管
            - 排水承插铸铁管，适用于污水的排放，一般都是自流式，不承受压力
        - 其特点是经久耐用，抗腐蚀性强、质较脆，多用于耐腐蚀介质及给水排水工程。铸铁管的管口连接有承插式和法兰式两种
    - 非金属管材
      - 混凝土管
        - 混凝土管有预应力钢筋混凝土管和自应力钢筋混凝土管两种
        - 主要用于输水管道，管道连接采取承插接口，用圆形截面橡胶圈密封
      - 陶瓷管
        - 陶瓷管分普通陶瓷管和耐酸陶瓷管两种。一般都是承插接口
        - 耐酸陶瓷管用于化工和石油工业输送酸性介质的工艺管道，以及工业中蓄电池间酸性溶液的排水管道等。
普通陶瓷管耐腐蚀，用于输送除氢氟酸、热磷酸和强碱以外的各种浓度的无机酸和有机溶剂等介质
    - 复合材料管材
      - 铝塑复合管
        - 铝塑复合管是中间为一层焊接铝合金，内外各一层聚乙烯，经胶合层粘结而成的三层管子
        - 其具有聚乙烯塑料管耐腐蚀和金属管耐压高的优点，采用卡套式铜配件连接
      - 钢塑复合管
        - 钢塑复合管是由镀锌管内壁置放一定厚度的UPVC塑料而成，因而同时具有钢管和塑料管材的优越性
      - 钢骨架聚乙烯（PE）管
        - 钢骨架聚乙烯（PE）管是以优质低碳钢丝为增强体，高密度聚乙烯为基体，通过对钢丝点焊成网与塑料挤出填注同步进行，在生产线上连续拉膜成型的新型双面防腐压力管道
        - 常采用法兰或电熔连接方式。主要用于市政和化工管网
      - 涂塑钢管
        - 不但具有钢管的高强度、易连接、耐水流冲击等优点，还克服了钢管遇水易腐蚀、污染、结垢及塑料管强度不高、消防性能差等缺点，设计寿命可达50年。主要缺点是安装时不得进行弯曲、热加工和电焊切割等作业
      - 玻璃钢管（CF RP管）
        - 采用合成树脂与玻璃纤维材料，使用模具复合制造而成。
耐酸碱气体腐蚀，表面光滑，重量轻，强度大，坚固耐用，制品表面经加强硬度及防紫外线老化处理。
适用于输送潮湿和酸碱等腐蚀性气体的通风系统，可输送氢氟酸和热浓碱以外的腐蚀性介质和有机溶剂
      - UPVC/FRP复合管
        - UPVC/FRP复合管是由UVPC（硬聚氯乙烯）、薄壁管作内衬层，外用高强度FRP纤维缠绕多层呈网状结构作增强层，通过界面黏合剂，经过特定机械缠绕制造而成
        - 性能集UPVC耐腐蚀和FRP强度高、耐温性好的优点，能在温度低于80℃时耐一定压力
        - 产品用于油田、化工、机械、冶金、轻工、电力等行业

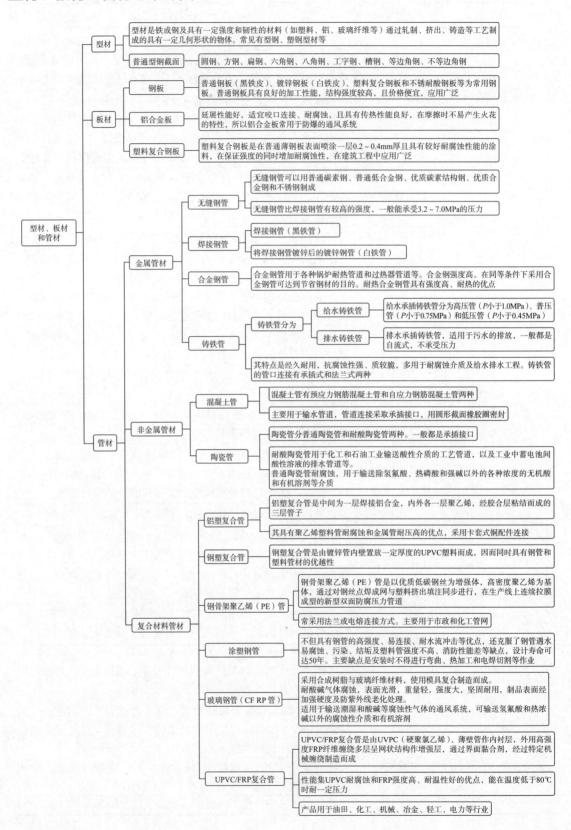

1.2.2 管件、阀门及焊接材料

1. 管件

分类	涵盖内容	内容
（1）螺纹连接管件	一般均采用可锻铸铁制造	主要用于煤气管道、供暖和给水排水管道。在工艺管道中，除需要经常拆卸的低压管道外，其他物料管道上很少使用
（2）冲压和焊接弯头	①冲压无缝弯头	该弯头是用优质碳素钢、不锈耐酸钢和低合金钢无缝钢管在特制的模具内压制成型，有90°和45°两种
	②冲压焊接弯头	采用与管材相同材质的板材用冲压模具冲压成半块环形弯头，然后将两块半环弯头进行组对焊接成型
	③焊接弯头	即为“虾米弯”，它可在管道上或钢板上切割下料后焊制而成
（3）高压弯头	采用优质碳素钢或低合金钢锻造而成	
常用管件		
常用的管件有弯头、三通、异径管和管接头等		

管件思维导图

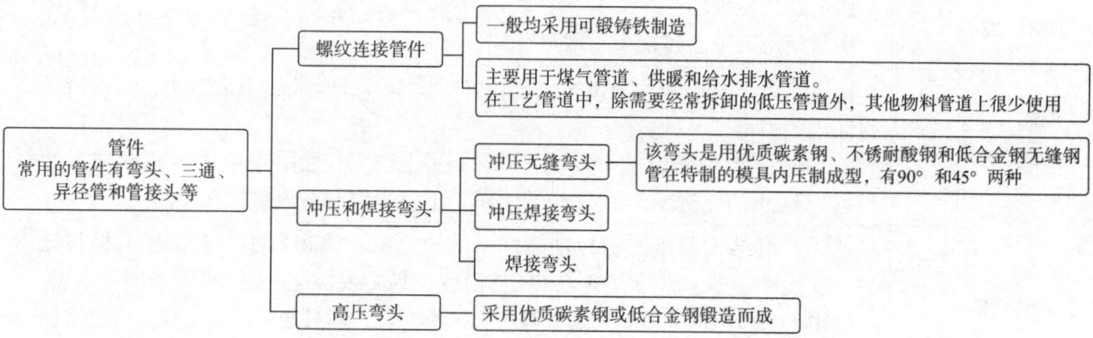

2. 阀门

分类	涵盖内容	内容
（1）阀门组成	一般由阀体、阀瓣、阀盖、阀杆及手轮等部件组成	
（2）常用阀门类别	常用阀门有闸阀、截止阀、节流阀、球阀、蝶阀、隔膜阀、旋塞阀、止回阀、安全阀、柱塞阀、减压阀和疏水阀等	
（3）按其动作特点划分	①驱动阀门	用手操纵或其他动力操纵的阀门。如截止阀、节流阀（针型阀）、闸阀、旋塞阀等均属于这类阀门

续表

分类	涵盖内容	内容
（3）按其动作特点划分	②自动阀门	借助于介质本身的流量、压力或温度参数发生变化而自行动作的阀门。如止回阀（逆止阀、单流阀）、安全阀、浮球阀、减压阀、跑风阀和疏水器等，均属于自动阀门
（4）按工程中管道与阀门的公称压力划分	①低压0<P≤1.60MPa	一般水、暖工程均为低压系统
	②中压1.60 MPa<P≤10.00MPa	大型电站锅炉及各种工业管道采用中压、高压或超高压系统。 工作温度不低于500℃时为高压
	③高压10.00 MPa<P≤42.00MPa	
	④蒸汽管道P不小于9.00MPa	

常用阀门汇总	
分类	应用位置/特点
（1）截止阀	主要用于热水供应及高压燃气管路中。 结构简单，严密性较高，制造和维修方便，阻力比较大
（2）闸阀	广泛用于冷、热水管道系统中。 密封性能好，流体阻力小，开启、关闭力较小，也有调节流量的作用，并且能从阀杆的升降高低看出阀的开度大小，主要用在一些大口径管道上
（3）止回阀	有严格的方向性，只允许介质向一个方向流通，而阻止其逆向流动。 一般适用于清洁介质，对于带固体颗粒和黏性较大的介质不适用
（4）蝶阀	适合安装在大口径管道上。 蝶阀结构简单、体积小、重量轻。
（5）旋塞阀	构造简单，开启和关闭迅速，旋转90° 就全开或全关，阻力较小，但保持其严密性比较困难。 旋塞阀通常用于温度和压力不高的管路上。不适用于输送高压介质（如蒸汽），只适用于一般低压流体作开闭用，不宜当作调节流量用
（6）球阀	球阀具有结构紧凑、密封性能好、结构简单、体积较小、重量轻、材料耗用少、安装尺寸小、驱动力矩小、操作简便、易实现快速启闭和维修方便等特点。 适用于水、溶剂、酸和天然气等一般工作介质，而且还适用于工作条件恶劣的介质，如氧气、过氧化氢、甲烷和乙烯等，且适用于含纤维、微小固体颗粒等介质
（7）节流阀	阀的外形尺寸小巧，重量轻，该阀主要用于节流。制作精度要求高，密封较好。 不适用于黏度大和含有固体悬浮物颗粒的介质
（8）安全阀	安全阀是一种安全装置，当管路系统或设备（如锅炉、冷凝器）中介质的压力超过规定数值时，便自动开启阀门排气降压，以免发生爆炸危险。当介质的压力恢复正常后，安全阀又自动关闭
（9）减压阀	又称调压阀，用于管路中降低介质压力。 只适用于蒸汽、空气和清洁水等清洁介质
（10）疏水阀	作用在于阻气排水，属于自动作用阀门。它的种类有浮桶式、恒温式、热动力式以及脉冲式等

阀门思维导图

- 阀门
  - 阀门组成
    - 一般由阀体、阀瓣、阀盖、阀杆及手轮等部件组成
  - 常用阀门类别
    - 截止阀：主要用于热水供应及高压燃管路中。它结构简单，严密性较高，制造和维修方便，阻力比较大
    - 闸阀：其广泛用于冷、热水管道系统中。密封性能好，流体阻力小，开启、关闭力较小，也有调节流量的作用，并且能从阀杆的升降高低看出阀的开度大小，主要用在一些大口径管道上
    - 止回阀：其有严格的方向性，只允许介质向一个方向流通，而阻止其逆向流动。一般适用于清洁介质，对于带固体颗粒和黏性较大的介质不适用
    - 蝶阀：适合安装在大口径管道上。蝶阀结构简单、体积小、重量轻
    - 球阀：球阀具有结构紧凑、密封性能好、结构简单、体积较小、重量轻、材料耗用少、安装尺寸小、驱动力矩小、操作简便、易实现快速启闭和维修方便等特点。适用于水、溶剂、酸和天然气等一般工作介质，而且还适用于工作条件恶劣的介质，如氧气、过氧化氢、甲烷和乙烯等，且适用于含纤维、微小固体颗粒等介质
    - 旋塞阀：构造简单，开启和关闭迅速，旋转90° 就全开或全关，阻力较小，但保持其严密性比较困难。旋塞阀通常用于温度和压力不高的管路上。不适用于输送高压介质（如蒸汽），只适用于一般低压流体作开闭用，不宜作调节流量用
    - 节流阀：阀的外形尺寸小巧，重量轻，该阀主要用于节流。制作精度要求高，密封较好。不适用于黏度大和含有固体悬浮物颗粒的介质
    - 安全阀：安全阀是一种安全装置，当管路系统或设备（如锅炉、冷凝器）中介质的压力超过规定数值时，便自动开启阀门排气降压，以免发生爆炸危险。当介质的压力恢复正常后，安全阀又自动关闭
    - 减压阀：又称调压阀，用于管路中降低介质压力。只适用于蒸汽、空气和清洁水等清洁介质
    - 疏水阀：作用在于阻气排水，属于自动作用阀门。其种类有浮桶式、恒温式、热动力式以及脉冲式等
    - 隔膜阀
    - 柱塞阀
  - 阀门分类
    - 按其动作特点划分
      - 驱动阀门：用手操纵或其他动力操纵的阀门。如截止阀、节流阀（针型阀）、闸阀、旋塞阀等均属于这类阀门
      - 自动阀门：借助于介质本身的流量、压力或温度参数发生变化而自行动作的阀门。如止回阀（逆止阀、单流阀）、安全阀、浮球阀、减压阀、跑风阀和疏水器等，均属于自动阀门
    - 按工程中管道与阀门的公称压力划分
      - 低压 $0<P\leq1.60$MPa：一般水、暖工程均为低压系统
      - 中压 $1.60\text{MPa}<P\leq10.00$MPa
      - 高压 $10.00\text{MPa}<P\leq42.00$MPa
      - 蒸汽管道 P 不小于 9.00MPa
      - （中压、高压、蒸汽管道）大型电站锅炉及各种工业管道采用中压、高压或超高压系统。工作温度不低于500℃时升为高压

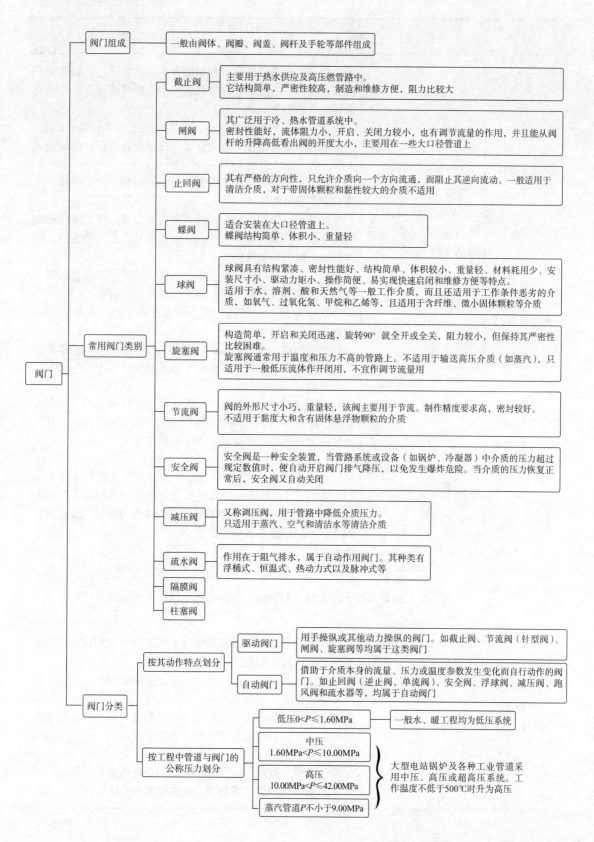

3. 焊接材料

<table>
<tr><th>分类</th><th>涵盖内容</th><th>内容</th></tr>
<tr><td rowspan="4">（1）手工电弧焊焊接材料</td><td rowspan="2">①焊条的组成（焊条，即涂有药皮的供电弧焊使用的熔化电极）</td><td>a. 焊芯：焊条中被药皮包覆的金属芯称为焊芯。如果用于埋弧自动焊、电渣焊、气体保护焊和气焊等熔焊方法作填充金属时，则称为焊丝。
作用：一是传导焊接电流，产生电弧把电能转换成热能；二是焊芯本身可熔化为填充金属与母材金属熔合形成焊缝</td></tr>
<tr><td>b. 药皮：由各种矿物类、铁合金、有机物和化工产品（水玻璃类）原料组成。
在焊条药皮中加入铁合金或其他合金元素，使之随着药皮的熔化而过渡到焊缝金属中去，可以弥补合金元素烧损并提高焊缝金属的力学性能。
此外，药皮还可改善焊接工艺性能，使其电弧稳定燃烧、飞溅少、焊缝成形好、易脱渣并可提高熔敷效率。
药皮中要加入一些还原剂，使氧化物还原，以保证焊缝质量。
总结：药皮的作用是保证被焊接金属获得具有合乎要求的化学成分和力学性能，并使焊条具有良好的焊接工艺性能</td></tr>
<tr><td rowspan="2">②按焊条药皮熔化后的熔渣特性分类</td><td>a. 酸性焊条：其熔渣的成分主要是酸性氧化物（SiO_2、TiO_2、Fe_2O_3）及其他在焊接时易放出氧的物质，药皮里的造气剂为有机物，焊接时可产生保护气体</td></tr>
<tr><td>b. 碱性焊条：其熔渣的主要成分是碱性氧化物（如大理石、萤石等），并含有较多的铁合金作为脱氧剂和合金剂，焊接时大理石分解产生的二氧化碳气体作为保护气体。由于焊条的脱氧性能好，合金元素烧损少，焊缝金属合金化效果较好</td></tr>
<tr><td>（2）电弧刨割条</td><td colspan="2">利用药皮在电弧高温下产生的喷射气流，吹除熔化金属，达到刨割的目的</td></tr>
<tr><td rowspan="3">（3）埋弧焊焊接材料</td><td colspan="2">埋弧焊也是利用电弧作为热源的焊接方法。埋弧焊时电弧是在一层颗粒状的可熔化焊剂覆盖下燃烧，电弧不外露，埋弧焊由此得名。
它由焊丝和焊剂两部分组成，所用的金属电极是不间断送进的光焊丝</td></tr>
<tr><td>①焊丝</td><td>埋弧焊所用焊丝有实心焊丝与药芯焊丝两种。普遍使用的是实心焊丝，有特殊要求时使用药芯焊丝</td></tr>
<tr><td>②焊剂</td><td>埋弧焊焊剂按其用途分为钢用焊剂和有色金属用焊剂；
按制造方法分为熔炼焊剂、烧结焊剂和陶质焊剂</td></tr>
</table>

焊接材料思维导图

- 焊接材料
  - 手工电弧焊焊接材料
    - 焊条定义
      - 焊条即涂有药皮的供电弧焊使用的熔化电极
    - 焊条的组成
      - 焊芯
        - 焊条中被药皮包覆的金属芯称为焊芯。如果用于埋弧自动焊、电渣焊、气体保护焊和气焊等熔焊方法作填充金属时，则称为焊丝
        - 作用：一是传导焊接电流，产生电弧把电能转换成热能；二是焊芯本身可熔化为填充金属与母材金属熔合形成焊缝
      - 药皮
        - 由各种矿物类、铁合金、有机物和化工产品（水玻璃类）原料组成
        - 在焊条药皮中加入铁合金或其他合金元素，使之随着药皮的熔化而过渡到焊缝金属中去，可以弥补合金元素烧损并提高焊缝金属的力学性能
        - 此外，药皮还可改善焊接工艺性能使其电弧稳定燃烧、飞溅少、焊缝成形好、易脱渣并可提高熔敷效率
        - 药皮中要加入一些还原剂，使氧化物还原，以保证焊缝质量
        - 总结：药皮的作用是保证被焊接金属获得具有合乎要求的化学成分和力学性能，并使焊条具有良好的焊接工艺性能
    - 按焊条药皮熔化后的熔渣特性分类
      - 酸性焊条
        - 其熔渣的成分主要是酸性氧化物（SiO_2、TiO_2、Fe_2O_3）及其他在焊接时易放出氧的物质，药皮里的造气剂为有机物，焊接时可产生保护气体
      - 碱性焊条
        - 其熔渣的主要成分是碱性氧化物（如大理石、萤石等），并含有较多的铁合金作为脱氧剂和合金剂，焊接时大理石分解产生的二氧化碳气体作为保护气体。由于焊条的脱氧性能好，合金元素烧损少，焊缝金属合金化效果较好
  - 电弧焊割条
  - 埋弧焊焊接材料
    - 埋弧焊也是利用电弧作为热源的焊接方法。埋弧焊时电弧是在一层颗粒状的可熔化焊剂覆盖下燃烧，电弧不外露，埋弧焊由此得名。所用的金属电极是不间断送进的光焊丝
    - 其由焊丝和焊剂两部分组成
      - 埋弧焊所用焊丝有实心焊丝与药芯焊丝两种。普遍使用的是实心焊丝，有特殊要求时使用药芯焊丝
      - 埋弧焊焊剂按其用途分为钢用焊剂和有色金属用焊剂；按制造方法分为熔炼焊剂、烧结焊剂和陶质焊剂

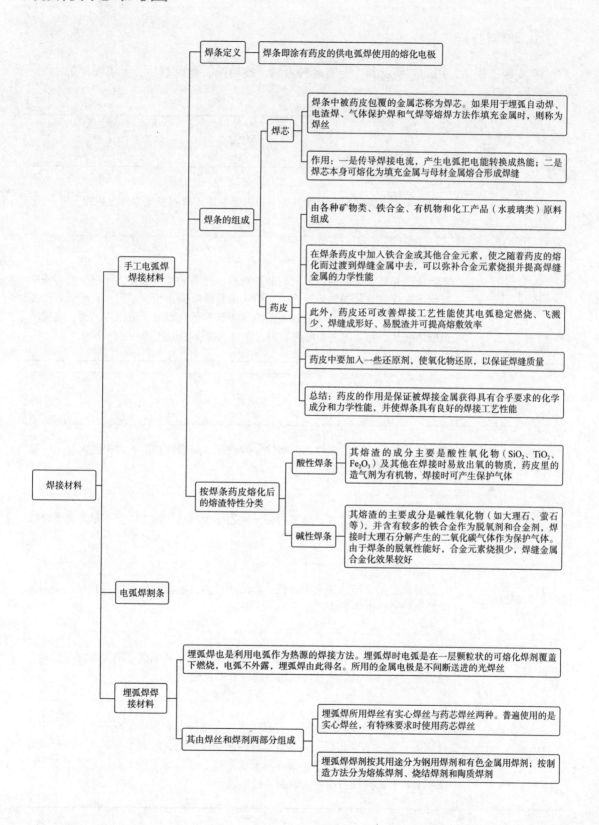

1.2.3 防腐蚀、绝热材料

1. 防腐材料

在安装工程中常用的防腐材料主要有各种涂料、玻璃钢、橡胶制品、无机板材等。

（1）涂料

分类	内容
①涂料划分为两大类	油基漆（成膜物质为干性油类）和树脂基漆（成膜物质为合成树脂）
②按其所起的作用划分	可分成底漆和面漆两种。 防锈漆和底漆都能防锈。它们的区别是：底漆的颜料较多，可以打磨，漆料对物体表面具有较强的附着力；而防锈漆其漆料偏重于满足耐水、耐碱等性能的要求。防锈漆一般分为钢铁表面防锈漆和有色金属表面防锈漆两种；底漆不但能增强涂层与金属表面的附着力，而且对防腐蚀也起到一定的作用

常用底漆	特性
a. 生漆（也称大漆）	具有耐酸性、耐溶剂性、抗水性、耐油性、耐磨性和附着力很强等优点。缺点是不耐强碱及强氧化剂
b. 漆酚树脂漆	毒性较小，干燥较快，施工方便，适用于大型快速施工，但不耐阳光紫外线照射
c. 酚醛树脂漆	具有良好的电绝缘性和耐油性。其漆膜较脆，温差变化大时易开裂，与金属附着力较差，在生产应用中受到一定限制
d. 环氧—酚醛漆	环氧树脂和酚醛树脂溶于有机溶剂中（如二甲苯和醋酸丁酯等）配制而成。热固性涂料，其漆膜兼有环氧和酚醛两者的长处
e. 环氧树脂涂料	环氧树脂涂料是由环氧树脂、有机溶剂、增韧剂和填料配制而成，在使用时再加入一定量的固化剂。其具有良好的耐腐蚀性能，特别是耐碱性，并有较好的耐磨性。其与金属和非金属（除聚氯乙烯、聚乙烯等外）有极好的附着力，漆膜有良好的弹性与硬度，收缩率也较低

（2）玻璃钢

定义及特性	内容
①玻璃钢定义	一般是指以不饱和聚酯树脂、环氧树脂与酚醛树脂为基体，以玻璃纤维或其制品作增强材料的增强塑料。玻璃钢由于有玻璃纤维的增强作用，具有较高的机械强度和整体性，受到机械碰击等也不容易出现损伤
②玻璃钢特性	玻璃钢质轻而硬，不导电，机械强度高，回收利用少，耐腐蚀。可以代替钢材制造机器零件和汽车、船舶外壳等

（3）橡胶

涵盖内容	内容
①主要用于防腐的橡胶	目前用于防腐的橡胶主要是天然橡胶
②温度要求	硬橡胶的长期使用温度为0～65℃，软橡胶、半硬橡胶的使用温度为–25～75℃
③用作化工衬里的橡胶的形成及特点	用作化工衬里的橡胶是生胶经过硫化处理而成。经过硫化后的橡胶具有一定的耐热性能、机械强度及耐腐蚀性能
④用于化工防腐蚀的橡胶具有的特点	目前用于化工防腐蚀的主要有聚异丁烯橡胶，它具有良好的耐腐蚀性、耐老化性、耐氧化性及抗水性，不透气性比所有橡胶都好，但强度和耐热性较差。不耐氟、氯、溴及部分有机溶剂，如苯、四氯化碳、二硫化碳、汽油、矿物油及植物油等介质的腐蚀

2. 绝热材料

涵盖内容	内容
（1）绝热材料定义	一般是轻质、疏松、多孔的纤维状材料。它既包括保温材料，也包括保冷材料
（2）常用绝热材料	矿（岩）棉、玻璃棉、硅藻土、膨胀珍珠岩、泡沫玻璃、硬质聚氨酯泡沫塑料、聚苯乙烯泡沫塑料等
（3）常用绝热材料的分类	①按其成分不同，可分为有机材料和无机材料两大类。 热力设备及管道保温用的材料多为无机绝热材料，低温保冷工程多用有机绝热材料。 ②按照绝热材料使用温度，可分为高温、中温和低温绝热材料。 ③按照施工方法不同可分为湿抹式、填充式、绑扎式、包裹及缠绕式绝热材料

防腐蚀、绝热材料思维导图

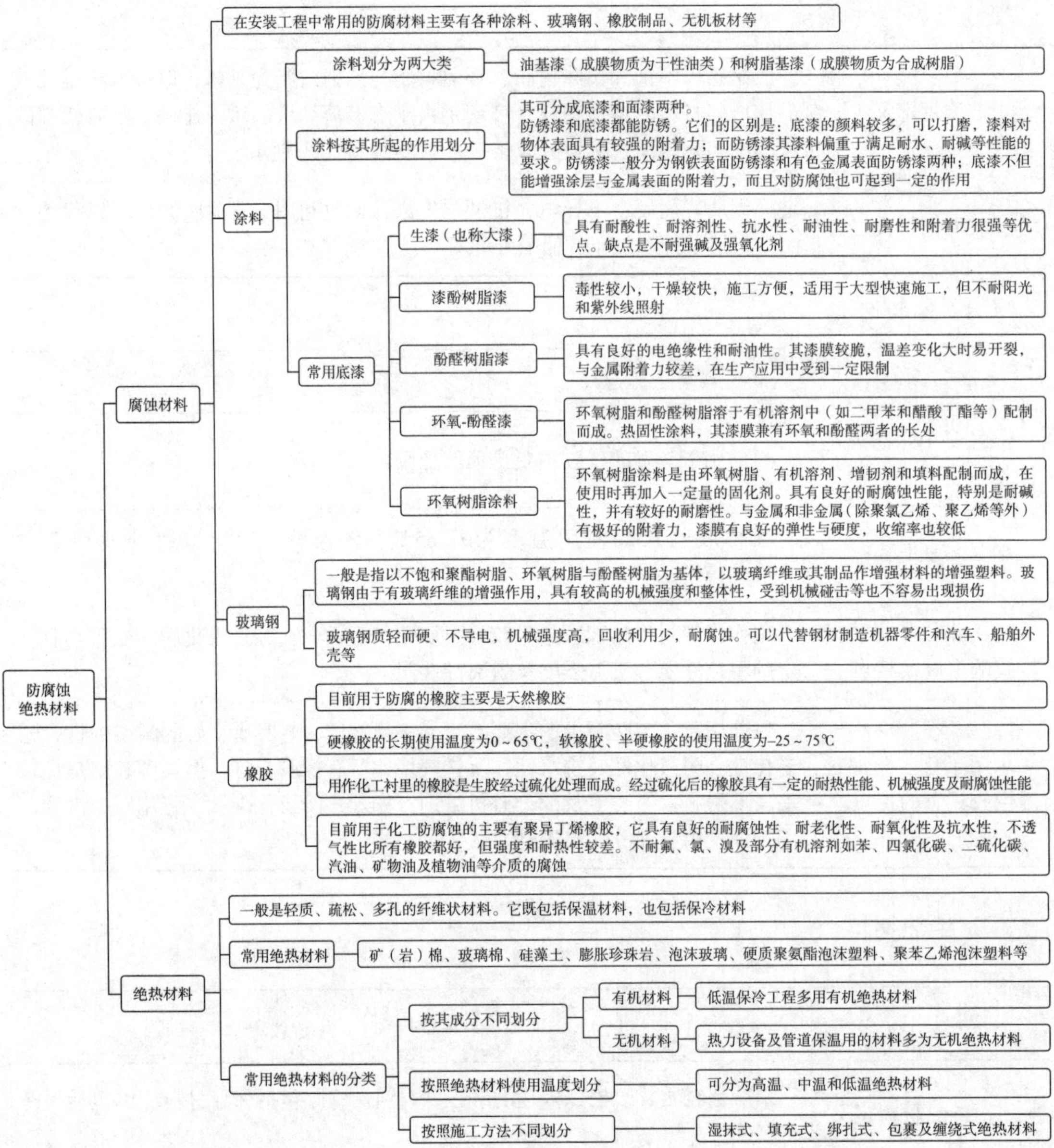

1.2.4 电气材料

1. 导线

分类	涵盖内容	内容
导线	①定义	导线一般采用铜、铝、铝合金和钢等材料制造。 按照导线线芯结构，一般可以分为单股导线和多股导线两大类； 按照有无绝缘和导线结构，可以分成裸导线和绝缘导线两大类

续表

分类	涵盖内容	内容
导线	②裸导线	裸导线是没有绝缘层的导线，包括铜线、铝线、铝绞线、铜绞线、钢芯铝绞线和各种型线等
		裸导线主要用于户外架空电力线路以及室内汇流排和配电柜、箱内连接等用途
		常见裸导线类型：单圆线、裸绞线、软接线、型线
		铜绞线因具有优良的导电性能和较高的机械强度，且耐腐蚀性强，一般应用于电流密度较大或化学腐蚀较严重的地区；铝绞线的导电性能和机械强度不及铜导线，一般应用于档距比较小的架空线路；钢芯铝绞线具有较高的机械强度，导电性能良好，适用于大档距架空线路敷设
	③绝缘导线	绝缘导线由导电线芯、绝缘层和保护层组成，常用于电气设备、照明装置、电工仪表、输配电线路的连接等
		a. 绝缘电线按绝缘材料可分为聚氯乙烯绝缘、聚乙烯绝缘、交联聚乙烯绝缘、橡皮绝缘和丁腈聚氯乙烯复合物绝缘等。电磁线也是一种绝缘线，它的绝缘层是涂漆或包缠纤维，如丝包、玻璃丝及纸等。 b. 绝缘导线按工作类型可分为普通型、防火阻燃型、屏蔽型及补偿型等

导线思维导图

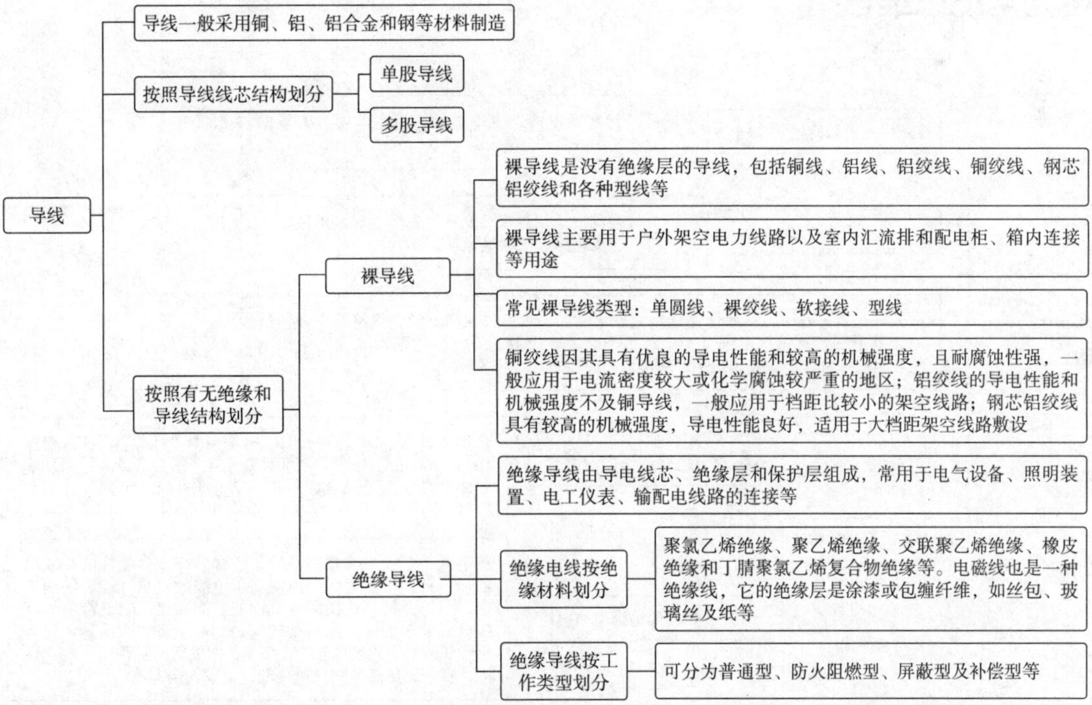

2. 电力电缆

分类	涵盖内容	内容
电力电缆	①按敷设方式和使用性质划分	可分为普通电缆、直埋电缆、海底电缆、架空电缆、矿山井下用电缆和阻燃电缆等种类
	②按绝缘方式	可分为聚氯乙烯绝缘、交联聚乙烯绝缘、油浸纸绝缘、橡皮绝缘和矿物绝缘等
	在实际建筑工程中，一般优先选用交联聚乙烯电缆，其次用不滴油纸绝缘电缆，最后选普通油浸纸绝缘电缆。当电缆水平高差较大时，不宜使用黏性油浸纸绝缘电缆。工程中直埋电缆必须选用铠装电缆	
	③常用电缆及其特性	a. 聚氯乙烯绝缘电力电缆 长期工作温度不超过70℃，电缆导体的最高温度不超过160℃，短路最长待续时间不超过5s，施工敷设最低温度不得低于0℃，最小弯曲半径不小于电缆直径的10倍
		b. 交联聚乙烯绝缘电力电缆 该电缆是把原来是热塑性的聚乙烯转变成热固性的交联聚乙烯塑料，从而大幅度地提高了电缆的耐热性能和使用寿命，但仍保持其优良的电气性能。 交联聚乙烯绝缘电力电缆电场分布均匀，没有切向应力，重量轻，载流量大，常用于500kV及以下的电缆线路中，主要优点：优越的电气性能，良好的耐热性和机械性能，敷设安全方便

电力电缆思维导图

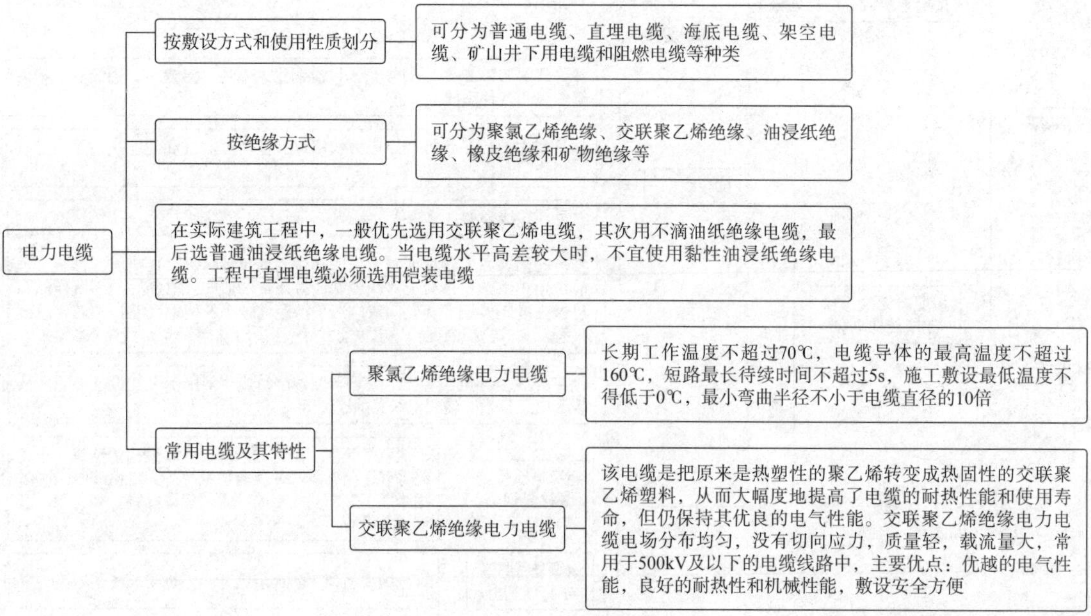

3. 控制及综合布线电缆

分类	涵盖内容	内容
控制及综合布线电缆	①控制电缆	适用于交流50Hz，额定电压450/750V，600/1000V及以下的工矿企业、现代化高层建筑等的远距离操作、控制、信号及保护测量回路。作为各类电气仪表及自动化仪表装置之间的连接线，起着传递各种电气信号、保障系统安全、可靠运行的作用
		控制电缆按工作类别可分为普通控制电缆、阻燃（ZR）控制电缆、耐火（NH）、低烟低卤（DLD）、低烟无卤（DW）、高阻燃类（GZR）、耐温类、耐寒类控制电缆等
	②综合布线电缆	用于传输语言、数据、影像和其他信息的标准结构化布线系统，其主要目的是在网络技术不断升级的条件下，仍能满足高速率数据的传输要求
		综合布线系统目前主要使用的传输媒体有各种大对数铜缆和各类非屏蔽双绞线及屏蔽双绞线

电力电缆和控制电缆的区分
①电力电缆有铠装电缆和无铠装电缆，控制电缆一般有编织的屏蔽层； ②电力电缆通常线径较粗，控制电缆截面一般不超过10mm²； ③电力电缆有铜芯和铝芯，控制电缆一般只有铜芯； ④电力电缆有耐高压的要求，所以绝缘层厚，控制电缆一般是低压的，绝缘层相对要薄； ⑤电力电缆芯数少，一般少于5个，控制电缆一般芯数较多

控制及综合布线电缆思维导图

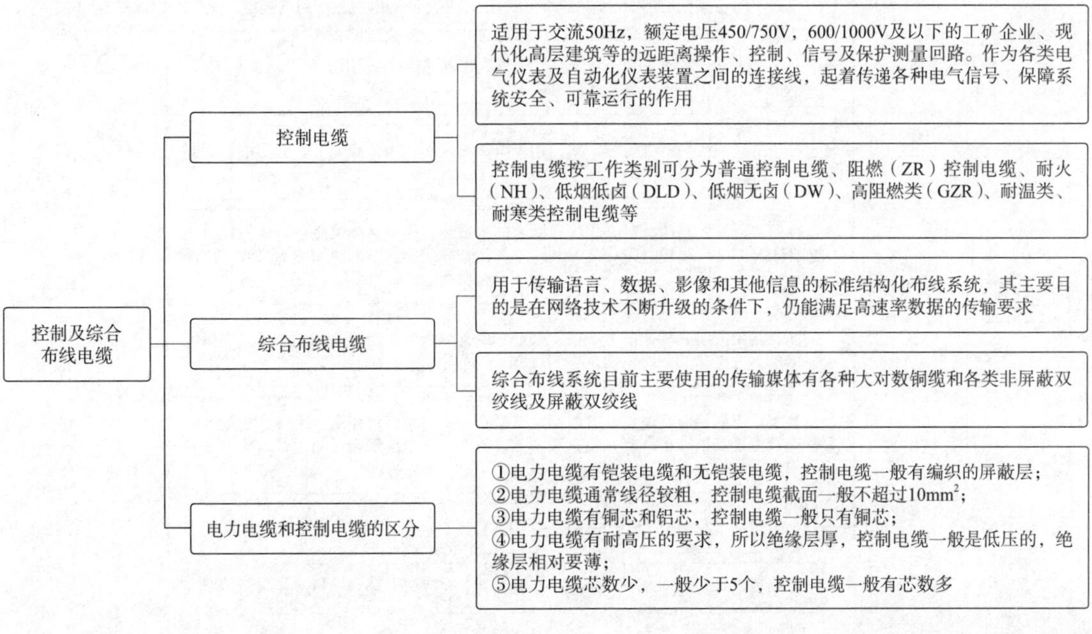

4. 母线及桥架

分类	涵盖内容	内容
母线及桥架	①母线	母线是各级电压配电装置中的中间环节，它的作用是汇集、分配和传输电能。主要用于电厂发电机出线至主变压器、厂用变压器以及配电箱之间的电气主回路的连接，又称为汇流排
		母线分为裸母线和封闭母线两大类。 a. 裸母线分为两类：一类是软母线（多股铜绞线或钢芯铝线），用于电压较高（350kV以上）的户外配电装置；另一类是硬母线，用于电压较低的户内外配电装置和配电箱之间电气回路的连接。 b. 封闭母线是用金属外壳将导体连同绝缘等封闭起来的母线。封闭母线包括离相封闭母线、共箱（含共箱隔相）封闭母线和电缆母线，广泛用于发电厂、变电所、工业和民用电源的引线
	②桥架	桥架是由托盘、梯架的直线段、弯通、附件以及支吊架组合构成，用以支撑电缆的具有连接的刚性结构系统的总称
		桥架广泛应用在发电厂、变电站、工矿企业、各类高层建筑、大型建筑及各种电缆密集场所或电气竖井内，其可集中敷设电缆，使电缆安全可靠运行，减少外力对电缆的损害并方便维修
		桥架按制造材料分为钢制桥架、铝合金桥架、玻璃钢阻燃桥架等；按结构形式分为梯级式、托盘式、槽式、组合式

母线及桥架思维导图

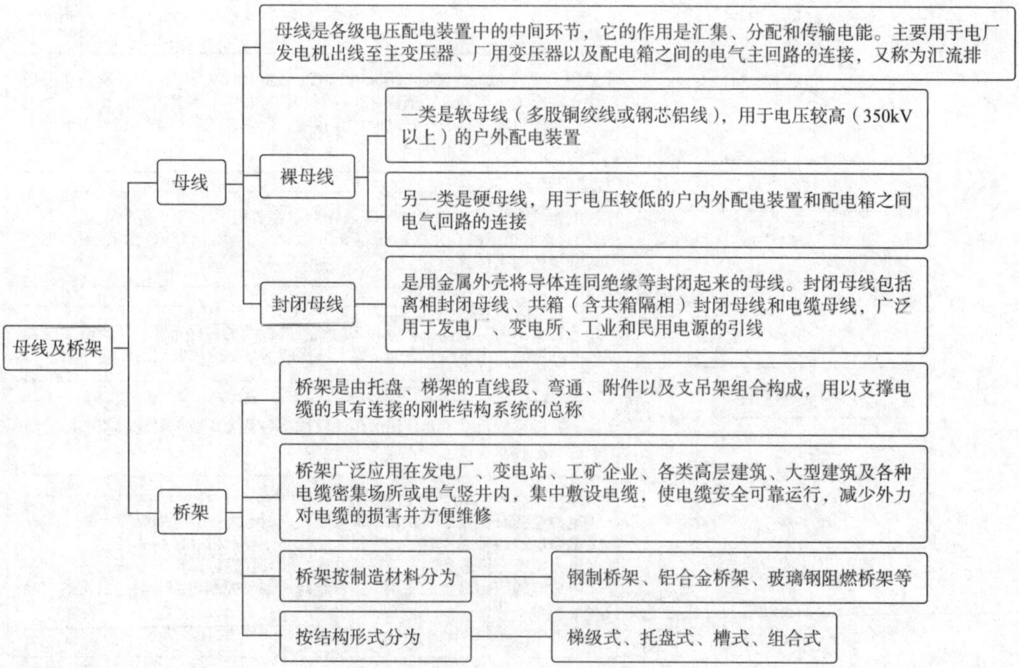

1.2.5 例题及答案解析

❶【单选题】扁钢的规格一般用（　　）来表示。

A．宽度×厚度　　B．长度×宽度　　C．厚度×宽度　　D．长度×宽度×厚度

❷【单选题】常用于防爆的通风系统的金属板材是（　　）。

A．镀锌钢板　　B．铝合金板　　C．黑铁皮　　D．不锈钢板

❸【单选题】主要适用于高压供热系统和高层建筑的冷、热水管和蒸汽管道以及各种机械零件的坯料，通常压力在0.6MPa以上的管材是（　　）。

A．锅炉及过热器用无缝钢管　　B．不锈钢无缝钢管

C．一般无缝钢管　　D．合金钢管

❹【单选题】具有重量轻、强度高、耐腐蚀性强和耐低温等特点，常被用于其他管材无法胜任的工艺部位的是（　　）。

A．铅合金管　　B．铝合金管　　C．铜合金管　　D．钛合金管

❺【单选题】与其他塑料管材相比，具有刚性高、耐腐蚀、阻燃性能好、导热性能低、热膨胀系数低及安装方便等特点，且是现今新型的输水管道是（　　）。

A．CPVC管　　B．UPVC管　　C．PPR管　　D．PE管

❻【单选题】耐磨性为塑料之冠，断裂伸长率可达410%~470%，管材柔性、抗冲击性能优良，低温下能保持优异的冲击强度，抗冻性及抗震性好，可在169~110℃下长期使用，适合于寒冷地区的管材是（　　）。

A．超高分子量聚乙烯管　　B．UPVC管

C．ABS管　　D．PB管

❼【单选题】相对聚氢乙烯管、聚乙烯管来说，具有较高的强度，较好的耐热性，是最轻的热塑性塑料管，最高工作温度可达95° C，用在冷热水供应系统中的管材是（　　）。

A．CPVC管　　B．UPVC管　　C．PPR管　　D．PE管

❽【单选题】设计寿命可达50年，安装时不得进行弯曲、热加工和热切割的作业的复合管材是（　　）。

A．铝塑复合管　　B．玻璃钢管　　C．钢塑复合管　　D．涂塑钢管

❾【单选题】强度大、重量轻，耐酸碱气体腐蚀，表面光滑，坚固耐用，可输送氢氟酸和热浓碱以外的腐蚀性介质和有机溶剂的复合管材是（　　）。

A．铝塑复合管　　B．钢塑复合管　　C．涂塑钢管　　D．玻璃钢管

❿【单选题】广泛用于电力、冶金、机械、化工和硅酸盐等工业的各种热体表面及各种高温窑炉、锅炉的炉墙保温绝热的耐火隔热材料为（　　）。

A．蛭石　　B．黏土砖　　C．矿渣棉　　D．硅藻土砖

⓫【单选题】下列材料中，属于常用隔热材料的是（　　）。

A．蛭石　　B．泡沫混凝土　　C．黏土砖　　D．珍珠岩

⑫【单选题】涂料由主要成膜物质、次要成膜物质和辅助成膜物质组成。下列材料属于辅助成膜物质的是（　）。

A．着色颜料　B．合成树脂　C．体质颜料　D．稀料

⑬【单选题】酚醛树脂漆，过氧乙烯漆及呋喃树脂漆在使用中，其共同的特点为（　）。

A．耐有机溶剂介质的腐蚀　B．具有良好的耐碱性

C．与金属附着力差　D．既耐酸腐蚀又耐碱腐蚀

⑭【单选题】下列常用底漆中，不耐强氧化剂和碱的是（　）。

A．酚醛树脂漆　B．呋喃树脂漆　C．环氧树脂漆　D．聚氨酯漆

⑮【单选题】具有良好的机械强度、抗紫外线、抗老化和抗阳极剥离等性能，广泛应用于天然和石油输配管线、市政管网、油罐、桥梁等防腐工程的涂料为（　）。

A．三聚乙烯涂料　B．环氧煤沥青涂料

C．漆酚树脂涂料　D．聚氨酯涂料

⑯【单选题】具有优良的耐腐蚀性能，对强酸、强碱及强氧化剂，即使在高温下也不发生任何作用，耐寒性很好的底漆是（　）。

A．环氧煤沥青涂料　B．三聚乙烯涂料

C．聚氨酯涂料　D．氟-46涂料

⑰【多选题】聚氨酯漆是种新型涂料，其主要性能有（　）。

A．能够耐盐、耐酸腐蚀　B．可用于混凝土构筑物表面的涂覆

C．能耐各种稀释剂　D．施工方便无毒，但造价高

⑱【单选题】常用的厚度为0.5~1.5mm，是目前空调工程、通风排烟系统中应用最传统、最广泛的金属薄板是（　）。

A．不锈钢板　B．普通薄钢板　C．铝及铝合金板　D．镀锌薄钢板

⑲【单选题】下列非金属风管材料中，适用于酸碱性环境的是（　）。

A．聚氯酯复合板材　B．酚醛复合板材

C．玻璃纤维复合板材　D．硬聚氢乙烯板材

⑳【单选题】下列非金属风管材料中，适用于低、中、高压洁净空调系统及潮湿环境，不适用于酸碱性环境和防排烟系统的是（　）。

A．聚氨酯复合板材　B．硬聚氯乙烯板材

C．酚醛复合板材　D．玻璃纤维复合板材

㉑【单选题】下列法兰中，主要用于工况比较苛刻的场合或应力变化反复的场合以及压力、温度大幅度波动的管道和高温、高压及零下低温的管道的是（　）。

A．整体法兰　B．松套法兰　C．对焊法兰　D．螺纹法兰

㉒【单选题】O型圈面型法兰垫片特点是（　）。

A．尺寸小，重量轻　B．非挤压型密封

C．压力范围使用窄　D．安装拆卸不方便

㉓【单选题】**对高温、高压工况，密封面的加工精度要求较高的管道，应采用环连接面型法兰连接，其配合使用的垫片应为（　）。**

A．O形密封圈　　B．齿形金属垫片

C．金属缠绕垫片　　D．八角形实体金属垫片

㉔【单选题】**下列阀门中，属于自动阀门的是（　）。**

A．截止阀　　B．节流阀　　C．止回阀　　D．旋塞阀

㉕【单选题】**安装时"低进高出"，不能装反的阀门是（　）。**

A．截止阀　　B．碟阀　　C．闸阀　　D．旋塞阀

㉖【单选题】**某阀门结构简单体积小、重量轻，仅由少数几个零件组成，操作简单，具有较好的流量控制特性。该阀门应为（　）。**

A．截止阀　　B．碟阀　　C．闸阀　　D．旋塞阀

㉗【单选题】**球阀是近年来发展最快的阀门品种之一，其主要特点为（　）。**

A．密封性前好，但结构复杂

B．启闭慢、维修不方便

C．适用于含纤维、微小固体颗粒的介质

D．不能用于输送氧气、过氧化氢等介质

㉘【单选题】**具有结构紧凑、体积小、质量轻，驱动力矩小、操作简单，密封性能好的特点，易实现快速启闭，不仅适用于一般工作介质，而且还适用于工作条件恶劣介质的阀门为（　）。**

A．碟阀　　B．节流阀　　C．球阀　　D．旋塞阀

㉙【单选】**阀门安装前，应做（　）。**

A．强度和严密性试验　　B．强度和泄漏性试验

C．水压试验和严密性试验　　D．严密性和真空度试验

㉚【多选题】**下列钢板厚度中，属于薄钢板的是（　）。**

A．厚度=3mm　　B．厚度=4mm　　C．厚度=5mm　　D．厚度=8mm

㉛【多选题】**下列金属管材中，规格用外径×壁厚的是（　）。**

A．无缝钢管　　B．铸铁管　　C．有色金属管　　D．焊接钢管

㉜【多选】**在双向流动和经常启闭的管道上，采用的阀门是（　）。**

A．闸阀　　B．蝶阀　　C．球阀　　D．截止阀

1.2.6 例题解析

❶【答案】A

【解析】本题考察的知识点是型材的主要特点。扁钢的表示方法是$b \times t$。

t——厚度；b——宽度。

❷【答案】B

【解析】本题考察的知识点是板材的主要特点。防爆即会产生火花。铝合金板的特点为在产生摩擦时不宜产生火花的特性，常用于防爆的通风系统，故选B。

❸【答案】C

【解析】本题考察的知识点是管材的主要特点。此种情况应用无缝钢管。排除D选项。锅炉一般为热水锅炉或蒸汽锅炉，锅炉及过热器用无缝钢管多用于蒸汽和高温高压的热水管，未涉及高压热水及热蒸汽，故A选项错；不锈钢无缝钢管其特点为防腐，题干中未涉及防腐，故B选项错；排除AB故选C。

❹【答案】D

【解析】本题考察的知识点是管材的主要特点。铅比较重，无质量轻特点，故排除A选项；铜为64位原子，相对比较重，故排除C；题目中表示拥有强度高、耐腐蚀性强和耐低温的特点，只有钛合金符合，并且其焊接性能比较差，价格贵，经常用于太空金属或飞机上的材料，所以常用于其他管材无法胜任的工艺部位，故选择D。

❺【答案】D

【解析】此题目考点为新型输水管道。PVC一直存在，UPVC为硬质，故排除B，PE管、PPR管也为非新型管，故排除CD，CPVC经常应用于电力管道，属于新型，故选A。

❻【答案】A

【解析】本题考察的知识点是管材的主要特点。超高分子量聚乙烯管耐磨性为塑料之冠，断裂伸长率可达410%~470%，管材柔性、抗冲击性能优良，低温下能保持优异的冲击强度，抗冻性及抗震性好，可在169~110℃下长期使用，适合于寒冷地区，故选择A。

❼【答案】C

【解析】本题考察的知识点是管材的主要特点。PPR管其适用温度高，故选C。

❽【答案】D

【解析】本题考察的知识点是管材的主要特点。不能热加工和热切割的管材为复合管，铝塑复合管为内外均为塑料，中间为铝合金；钢塑复合管为外侧为金属，内衬为塑料；涂塑钢管为钢材上涂液态的塑料，硬化之后形成防腐蚀保护层的钢管，其不能进行弯曲、热加工和热切割作业，故选D。玻璃钢为非金属材料，为玻璃纤维和树脂复合而成，重量比较轻。

❾【答案】D

【解析】本题考察的知识点是管材的主要特点。强度大、重量轻为玻璃钢，另外其为非金属管材，耐酸碱气体腐蚀。故选D。

❿【答案】D

【解析】本题考察的知识点是防腐蚀、绝热材料的主要特点。四种选项都耐火隔热，但只有硅藻土砖适用于电力、冶金，故选D。

⓫【答案】A

【解析】本题考察的知识点是防腐蚀、绝热材料的主要特点。石（棉）、矿（渣棉）、土（硅藻土）、蛭石为常用隔热材料。

⑫ **【答案】**D

【解析】本题考察的知识点是防腐蚀、绝热材料的主要特点。主要成膜物质为带油或者带树脂的，次要成膜物质是带颜料的。排除ABC，故选择D

⑬ **【答案】**C

【解析】本题考察的知识点是防腐蚀、绝热材料的主要特点。酚醛不耐酸碱，故排除BC；耐有机溶剂介质的腐蚀只有过氯乙烯；酚醛、过氯乙烯、呋喃与金属的附着力差，故选C。

⑭ **【答案】**A

【解析】本题考察的知识点是防腐蚀、绝热材料的主要特点。呋喃为耐酸耐碱，但其不耐强氧化性的介质，比如硝酸等，故B选项错误；环氧树脂抗碱性能比较好，故C选项错误；酚醛耐酸性比较好，不耐强氧化性和碱，故选A。

⑮ **【答案】**A

【解析】本题考察的知识点是防腐蚀、绝热材料的主要特点。

⑯ **【答案】**D

【解析】本题考察的知识点是防腐蚀、绝热材料的主要特点。氟-46又名塑料王，具备非常好的性能，高温等恶劣条件对其无任何作用，故选D。

⑰ **【答案】**D

【解析】本题考察的知识点是防腐蚀、绝热材料的主要特点。题目询问主要性能，可理解为聚氨酯漆的优点，造价高不属于优点，故排除D选项；聚氨酯漆为防腐耐酸，可用于混凝土构筑物表面的涂覆，常用于施工现场，故答案选择ABC。

⑱ **【答案】**D

【解析】本题考察的知识点是板材的主要特点。最传统、最广泛的，即地下车库、商场经常用到的为镀锌钢板，故选择D。铝合金、不锈钢价格相对比较贵，普通的薄钢板容易生锈，故排除ABC。

⑲ **【答案】**D

【解析】本题考察的知识点是板材的主要特点。

⑳ **【答案】**A

【解析】本题考察的知识点是板材的主要特点。低压、中压、高压性能比较全，“聚德压性全”，故为聚氨酯复合板材，故选择A。

㉑ **【答案】**C

【解析】本题考查法兰章节，此章节较重要。整体法兰的法兰和设备为一体，书籍中未涉及其他内容；松套法兰适用于腐蚀性介质，由于传输的介质不与法兰相接触，故其适用于腐蚀性，但高温下容易崩裂；螺纹法兰密封性较弱，易漏，不适合高温高压；对焊法兰避免应力不均衡，适用于高温高压，故选择C。

㉒【答案】A

【解析】本题考察的知识点是管件、阀门及焊接材料的主要特点。此题用排除法。题目询问其特点，大多为其优点，故BCD错误，选A。

㉓【答案】D

【解析】本题考察的知识点是管件、阀门及焊接材料的主要特点。金属垫片适用高温高压工况，而与环连接面型法兰相接的通常为截面形状为八角形、椭圆形的实体金属垫片相配合，故答案选D。

㉔【答案】C

【解析】本题考察的知识点是阀门的主要特点。阀门区分为自动和驱动两种。驱动为外界力驱动运转，自动不需外界力，故选C。

㉕【答案】A

【解析】本题考察的知识点是阀门的主要特点。

㉖【答案】B

【解析】本题考察的知识点是阀门的主要特点。

㉗【答案】C

【解析】本题考察的知识点是阀门的主要特点。球阀是全能阀，询问特点基本为优点。结构复杂为缺点，故排除A；BD均为缺点，故选C。

㉘【答案】C

【解析】本题考察的知识点是阀门的主要特点。重点为适用于工作条件恶劣介质的为球阀，故选C。

㉙【答案】A

【解析】本题考察的知识点是阀门的主要特点。

㉚【答案】AB

【解析】本题考察的知识点是板材的主要特点。本题考查的是厚钢板与薄钢板的分界点划分。薄钢板厚度≤4mm，厚钢板厚度＞4mm。

㉛【答案】AC

【解析】本题考察的知识点是管材的主要特点。无缝钢管为外径×壁厚，如ϕ133×6；有色金属管为外径×壁厚；焊接钢管、铸铁管为公称直径。

㉜【答案】AB

【解析】本题考察的知识点是阀门的主要特点。

第三节　安装工程主要施工的基本程序、工艺流程及施工方法

1.3.1　电气照明及动力设备工程

1. 电气照明及动力设备工程施工基本程序

工程分类		施工程序
（1）变配电工程施工程序	①成套配电柜（开关柜）安装顺序	开箱检查→二次搬运→安装固定→母线安装接线→二次小线连接→试验调整→送电运行验收
	②变压器施工顺序	开箱检查→变压器二次搬运→变压器本体安装→附件安装→检查及变压器交接试验→送电前检查→送电运行验收
（2）供电干线及室内配线施工程序	①插接式母线槽施工程序	开箱检查→支架安装→单节母线槽绝缘测试→插接式母线槽安装→通电前绝缘测试→送电验收
	②电缆敷设施工程序	电缆验收→电缆搬运→电缆绝缘测定→电缆盘架设电缆敷设→挂标志→质量验收
	③明管敷设施工程序	测量定位→支架制作、安装→导管预制→导管连接→接地线跨接→刷漆
	④暗管敷设施工程序	测量定位→导管预埋→导管连接固定→接地跨接→刷漆
	⑤管内穿线施工程序	选择导线→清管→穿引线→放线及断线→导线与引线的绑扎→放护圈→穿导线→导线并头→压接压接帽→线路检查→绝缘测试
	⑥线槽配线施工程序	测量定位→支架制作→支架安装→线槽安装→接地线连接→槽内配线→线路测试
	⑦钢索配线施工程序	测量定位→支架制作→支架安装→钢索制作→钢索安装→钢索接地→导线敷设→导线连接→线路测试→线路送电
	⑧瓷瓶配线施工程序	测量定位→支架制作→支架安装→瓷瓶安装→导线敷设→导线绑扎→导线连接→线路测试→线路送电
（3）电气动力工程施工程序	①明装动力配电箱施工程序	支架制作安装→配电箱安装固定→导线连接→送电前检查→送电运行
	②动力设备施工程序	设备开箱检查→安装前的检查→电动机安装、接线→电机干燥→控制、保护和起动设备安装→送电前的检查→送电运行

工程分类		施工程序
（4）电气照明工程施工程序	①安装照明配电箱施工程序	配电箱固定→导线连接→送电前检查→送电运行
	②照明灯具施工程序	灯具开箱检查→灯具组装→灯具安装接线→送电前的检查→送电运行
（5）防雷、接地装置施工程序	防雷、接地装置施工程序	接地体安装→接地干线安装→引下线敷设→均压环安装→避雷带（避雷针、避雷网）安装
（6）动力设备工程施工程序	动力设备工程施工程序	电机基础验收→电机设备开箱检查及安装前检查→电机抽芯检查→基础处理（放线、铲麻面）、配制垫铁、地脚螺栓及电机底板→电机整体安装→电机干燥→电机控制和保护设备安装→电动机启动接线→电机试运行→电机验收

2. 电气照明及动力设备工程主要施工工艺流程及施工方法

分类	施工工艺流程及施工方法
（1）母线施工工艺流程及施工方法	①裸母线材质和规格必须符合施工图纸要求。表面应光洁平整，无裂纹、折皱、夹杂物和严重的变形等缺陷
	②母线槽的标准单元、特殊长度、标准配件、特殊配件等配置和现场实测应一致，型号、规格应符合设计要求。合格证和技术文件应齐全，防火型母线槽应有防火等级和燃烧报告
	③根据裸母线走向放线测量，确定支架在不同结构部位的不同安装方式，核对其与设计图纸是否相符
	④裸母线与设备连接或与分支线连接时，应用螺栓搭接，以便检修和拆换。螺栓搭接的接触面应保持清洁，并涂以电力复合脂。当裸母线额定电流大于2000A时应用铜质螺栓连接
	⑤三相交流裸母线的涂色为：A相-黄色、B相-绿色、C相-红色
（2）母线槽施工工艺流程及施工方法	①不同型号、不同厂家母线槽相互之间的净距离需满足安装和维修方便的要求，并列安装分线箱应高低一致。安装分线箱应注意相位，分线箱外壳应与母线槽外壳连通，接地良好
	②水平安装时每节母线槽应不少于2个支架，转弯处应增设支架加强，垂直过楼板时要选用弹簧支架
	③每节母线槽的绝缘电阻不得小于20MΩ。测试不合格者不得安装。必要时作耐压试验
	④母线槽安装中必须随时做好防水防渗措施，安装完毕后要认真检查，确保完好正确。穿过楼板、墙板的母线槽要做防火处理
（3）线槽配线施工工艺流程及施工方法	①线槽直线段连接应采用连接板，用垫圈、弹簧垫圈、螺母紧固，每节直线线槽不少于2个支架；在转角、分支处和端部均应有固定点

续表

分类	施工工艺流程及施工方法
（3）线槽配线施工工艺流程及施工方法	②金属线槽应可靠接地或接零，但不应作为设备的接地导体
	③线槽内导线敷设的规格和数量应符合设计规定，当设计无规定时，包括绝缘层在内的导线总截面积不应大于线槽内截面积的60%
（4）导管配线施工工艺流程及施工方法	①埋入建筑物、构筑物的电线保护管，与建筑物、构筑物表面的距离不应小于15mm
	②电线保护管不宜穿过设备或建筑物、构筑物的基础。当必须穿过时，应采取保护措施
	③电线保护管的弯曲半径应符合下列规定： a. 当线路明配时，弯曲半径不宜小于管外径的6倍；当两个接线盒间只有一个弯曲时，其弯曲半径不宜小于管外径的4倍。 b. 当线路暗配时，弯曲半径不应小于管外径的6倍；当线路埋设于地下或混凝土内时，其弯曲半径不应小于管外径的10倍
	④管内导线应采用绝缘导线，A、B、C相线颜色分别为黄、绿、红，保护接地线为黄绿双色，零线为淡蓝色
	⑤导线敷设后，应用500V兆欧表测试绝缘电阻，线路绝缘电阻应大于0.5MΩ
	⑥不同回路、不同电压等级、交流与直流的导线不得穿在同一管内。但电压为50V及以下的回路，同一台设备的电动机的回路和无干扰要求的控制回路，照明灯的所有回路，同类照明的几个回路可穿入同一根管内，但管内导线总数不应多于8根
	⑦同一交流回路的导线应穿入同一根钢管内。导线在管内不应有接头。接头应设在接线盒（箱）内
	⑧管内导线包括绝缘层在内的总截面积，不应大于管内空截面积的40%
（5）电力电缆施工工艺流程及施工方法	①桥架水平敷设时距地高度一般不宜低于2.5m，垂直敷设时距地面1.8m以下部分应加金属盖板保护，但敷设在电气专用房间（如配电室、电气竖井等）内时除外
	②电缆桥架多层敷设时，其层间距离一般为：控制电缆间不应小于200mm，电力电缆间不应小于300mm
	③电力电缆在桥架内敷设时，电力电缆的总截面积不应大于桥架横断面的60%，控制电缆不应大于75%
	④电缆桥架不宜敷设在腐蚀性气体管道和热力管道的上方及腐蚀性液体管道的下方，否则应采用防腐、隔热措施
	⑤电缆桥架在穿过防火墙及防火楼板时，应采取防火隔离措施
	⑥电力电缆和控制电缆不应配置在同一层支架上。高低压电力电缆、强电与弱电控制电缆应按顺序分层配置
	⑦交流单芯电力电缆，应布置在同侧支架上，当正三角形排列时，应每隔1m用绑带扎牢

续表

分类	施工工艺流程及施工方法
（6）照明配电箱施工工艺流程及施工方法	①照明配电箱应安装牢固，照明配电箱底边距地面高度不宜小于1.8m
	②照明配电箱内的交流、直流或不同等级的电源，应有明显的标志，且应有编号。照明配电箱内应标明用电回路名称
	③照明配电箱内应分别设置零线和保护接地（PE线）汇流排，零线和保护线应在汇流排上连接，不得铰接
	④照明配电箱内装设的螺旋熔断器，其电源线应接在中间触点端子上，负荷线应接在螺纹端子上
	⑤照明配电箱内每一单相分支回路的电流不宜超过16A，灯具数量不宜超过25个。大型建筑组合灯具每一单相回路电流不宜超过25A，光源数量不宜超过60个
	⑥插座为单独回路时，数量不宜超过10个。灯具和插座混为一个回路时，其中插座数不宜超过5个
（7）灯具安装施工工艺流程及施工方法	①灯具安装应牢固，采用预埋吊钩、膨胀螺栓等安装固定，严禁使用木榫。固定件的承载能力应与电气照明灯具的重量相匹配
	②灯具的接线应牢固，电气接触应良好。螺口灯头的接线，相线应接在中心触点端子上，零线应接在螺纹的端子上。需要接地或接零的灯具，应有明显标志的专用接地螺栓
	③I类灯具的金属外壳需要接地或接零，应采用单独的接地线（黄绿双色）接到保护接地（接零）线上
	④当吊灯灯具重量超过3kg时，应采取预埋吊钩或螺栓固定
	⑤安装在重要场所的大型灯具的玻璃罩，应按设计要求采取防止碎裂后向下溅落的措施
	⑥在交电所内，高低压配电设备及母线的正上方，不应安装灯具
（8）开关安装施工工艺流程及施工方法	①安装在同一建筑物、构筑物内的开关，应采用同一系列的产品，开关的通断位置应一致
	②开关安装的位置应便于操作，开关边缘距门框的距离宜为0.15～0.2m，开关距地面高度宜为1.3m
	③在易燃、易爆和特别潮湿的场所，开关应分别采用防爆型、密闭型或采取其他保护措施
（9）插座安装施工工艺流程及施工方法	①插座宜由单独的回路配电，而一个房间内的插座宜由同一回路配电。在潮湿房间应装设防水插座
	②插座距地面高度一般为0.3m，托儿所、幼儿园及小学校的插座距地面高度不宜小于1.8m，同一场所安装的插座高度应一致
	③单相两孔插座，面对插座板，右孔或上孔与相线连接，左孔或下孔与零线连接
	④单相三孔插座，面对插座板，右孔与相线连接，左孔与零线连接，上孔与接地线或零线连接

续表

分类	施工工艺流程及施工方法
（9）插座安装施工工艺流程及施工方法	⑤三相四孔插座的接地线或接零线都应接在上孔，下面三个孔与三相线连接，同一场所的三相插座，其接线的相位必须一致
	⑥当交流、直流或不同电压等级的插座安装在同一场所时，应有明显的区别，必须选择不同结构、不同规格和不能互换的插座
	⑦在潮湿场所，应采用密封良好的防水、防溅插座，安装高度不应低于1.5m
（10）电气动力设备施工工艺流程及施工方法	①动力配电柜、控制柜（箱、台）应有一定的机械强度，外壳平整无损伤，箱内各种器具应安装牢固，导线排列整齐，压接牢固，并有产品合格证
	②配电（控制）设备及其连接至电动机线路的绝缘电阻应大于0.5MΩ，二次回路的绝缘电阻应大于1MΩ
	③电动机检查应完好，无损伤、无卡阻、无异常声响。电动机接线盒内引出端子的压接或焊接应良好，编号齐全、清晰
	④用500V兆欧表测量电动机绝缘电阻。额定电压500V及以下的电动机绝缘电阻应大于0.5MΩ
	⑤检查时发现电动机受潮、绝缘电阻达不到要求时，应做干燥处理。干燥处理的方法有灯泡干燥法、电流干燥法。 a. 灯泡干燥法：可采用红外线灯泡或一般灯泡光直接照射在绕组上，温度高低的调节可用改变灯泡瓦数来实现。 b. 电流干燥法：采用低电压，用变压器调节电流，其电流大小宜控制在电机额定电流的60%以内，并需配备测量计，随时监视干燥温度
	⑥电机接线应牢固可靠，接线方式应与供电电压相符。三相交流电动机有Y接和Δ接二种方式。例如：假设线路电压为380V，当电动机额定电压为380V时应Δ接，当电动机额定电压为220V时应Y接
	⑦电机外壳保护接地（或接零）必须良好。电动机必须按低压配电系统的接地制式可靠接地或接零。接地连接端子应接在专用的接地螺栓上，不能接在机座的固定螺栓上
	⑧电动机通电前检查 a. 对照电动机铭牌标明的数据，检查电动机定子绕组的连接方法是否正确（Y接还是Δ接），电源电压、频率是否合适。 b. 转动电动机转轴，看转动是否灵活，有无摩擦声或其他异声。 c. 检查电动机接地装置是否良好。 d. 检查电动机的启动设备是否良好，操作是否正常，电动机所带的负载是否良好
	⑨电动机送电试运行 a. 电动机在通电试运行时，在场人员不应站在电动机及被拖动设备的两侧，以免旋转物沿切向飞出造成伤害事故。 b. 接通电源之前就应做好切断电源的准备，以防接通电源后，电动机出现不正常的情况时（电动机不能启动、启动缓慢、出现异常声音等）能立即切断电源。 c. 电动机采用全压启动时启动次数不宜过于频繁，尤其是电动机功率较大时要随时注意电动机的温升情况。 d. 通电时，电动机转向应与设备上的运转指示箭头一致

续表

分类	施工工艺流程及施工方法
(11)建筑防雷工程施工工艺流程及施工方法	①避雷针一般用镀锌(或不锈钢)圆钢和管壁厚度不小于3mm镀锌钢管(或不锈钢管)制成,镀锌层的厚度应不小于65μm。屋面上常用的是5m及以下避雷针。在有热镀锌条件时,5m及以下的避雷针应在制作后整体热镀锌
	②避雷针与引下线之间的连接应采用焊接。避雷针的引下线及接地装置使用的紧固件,都应使用镀锌制品
	③建筑物上的避雷针应和建筑物的防雷金属网连接成一个整体
	④避雷带之间的连接应采用搭接焊接。焊接处焊缝应饱满并有足够的机械强度,不得有夹渣、咬肉、裂纹、虚焊、气孔等缺陷,焊接处应做防腐处理
	⑤避雷带的搭接长度应符合规定。扁钢之间搭接为扁钢宽度的2倍,三面施焊;圆钢之间搭接为圆钢直径的6倍,双面施焊;圆钢与扁钢搭接为圆钢直径的6倍,双面施焊
	⑥建筑屋顶避雷网格的间距应按设计规定。如果设计无要求时,应按如下要求施工: 一类防雷建筑的屋顶避雷网格间距应不大于5m×5m(或4m×6m);二类防雷建筑的应不大于10m×10m(8m×12m);三类防雷建筑的应不大于20m×20m或18m×24m)
	⑦建筑物屋顶上的金属导体都必须与避雷带连接成一体。如铁栏杆、钢爬梯、金属旗杆、透气管、金属柱灯、冷却塔等
	⑧建筑物的均压环从哪一层开始设置、间隔距离、是否利用建筑物圈梁主钢筋等应由设计确定。如果设计不明确,当建筑物高度超过30m时,应在建筑物30m以上设置均压环。建筑物层高小于等于3m的每两层设置一圈均压环;层高大于3m的每层设置一圈均压环
	⑨均压环可利用建筑物圈梁的两条水平主钢筋(直径大于或等于12mm),圈梁的主钢筋直径小于12mm的,可用其四根水平主钢筋。用作均压环的圈梁钢筋应用同规格的圆钢接地焊接,没有圈梁的可敷设40mm×4mm扁钢作为均压环
	⑩用作均压环的圈梁钢筋或扁钢应与避雷引下线(钢筋或扁钢)连接,与避雷引下线连接形成闭合通路
	⑪在建筑物30m以上的金属门窗、栏杆等应用ϕ 10mm圆钢或25mm×4mm扁钢与均压环连接
	⑫建筑物外立面防雷引下线明敷时要求:一般使用40mm×4mm镀锌扁钢沿外墙引下,在距地1.8m处做断接卡子

续表

分类	施工工艺流程及施工方法
（11）建筑防雷工程施工工艺流程及施工方法	⑬建筑物外立面防雷引下线暗敷时要求：利用建筑物外立面混凝土柱内的两根主钢筋（直径大于或等于16mm）作防雷引下线，并在离地0.5m处做接地测试点
	⑭引下线的间距应由设计确定。如果设计不明确时，可按规范要求确定，第一类防雷建筑的引下线间距不应大12m；第二类防雷建筑的引下线间距不应大于18m；第三类防雷建筑的引下线间不应大于25m
（12）人工接地体（极）施工工艺流程及施工方法	①垂直埋设的金属接地体一般采用镀锌角钢、镀锌钢管等；镀锌钢管的壁厚为3.5mm，镀锌角钢的厚度为4mm，镀锌圆钢的直径为12mm，垂直接地体的长度一般为2.5m。人工接地体埋设后接地体的顶部距地面不小于0.6m，接地体的水平间距应不小于5m
	②水平埋设的接地体通常采用镀锌扁钢、镀锌圆钢等。镀锌扁钢的厚度应不小于4mm；截面积不小于100mm²，镀锌圆钢的直径应不小于12mm。水平接地体应敷设于地下，距地面至少为0.6m
	③接地体的连接应牢固可靠，应用搭接焊接，接地体采用扁钢时，其搭接长度应为扁钢宽度的2倍，并有三个邻边施焊；若采用圆钢，其搭接长度应为圆钢直径的6倍，并在两面施焊。接地体连接完毕后，应测试接地电阻，接地电阻应符合规范标准要求
	④接地干线通常采用扁钢、圆钢、铜杆等，室内的接地干线多为明敷，一般敷设在电气井或电缆沟内。接地干线也可利用建筑中现有的钢管、金属框架、金属构架，但要在钢管、金属框架、金属构架连接处做接地跨接
	⑤接地干线的连接采用搭接焊接，搭接焊接的要求：扁钢（铜排）之间搭接为扁钢（铜排）宽度的2倍，不少于三面施焊；圆钢（铜杆）之间的搭接为圆钢（铜杆）直径的6倍，双面施焊；圆钢（铜杆）与扁钢（铜排）搭接为圆钢（铜杆）直径的6倍，双面施焊；扁钢（铜排）与钢管（铜管）之间，紧贴3/4管外径表面，上下两侧施焊；扁钢与角钢焊接，紧贴角钢外侧两面，上下两侧施焊。焊接处焊缝应饱满并有足够的机械强度不得有夹渣、咬肉、裂纹、虚焊、气孔等缺陷，焊接处的药皮清除后做防腐处理
	⑥利用钢结构作为接地干线时，接地极与接地干线的连接应采用电焊连接。当不允许在钢结构电焊时，可采用钻孔、攻丝然后用螺栓和接地线跨接。钢结构的跨接线一般采用扁钢或编织铜线，跨接线应有150mm的伸缩量

电气照明及动力设备工程思维导图

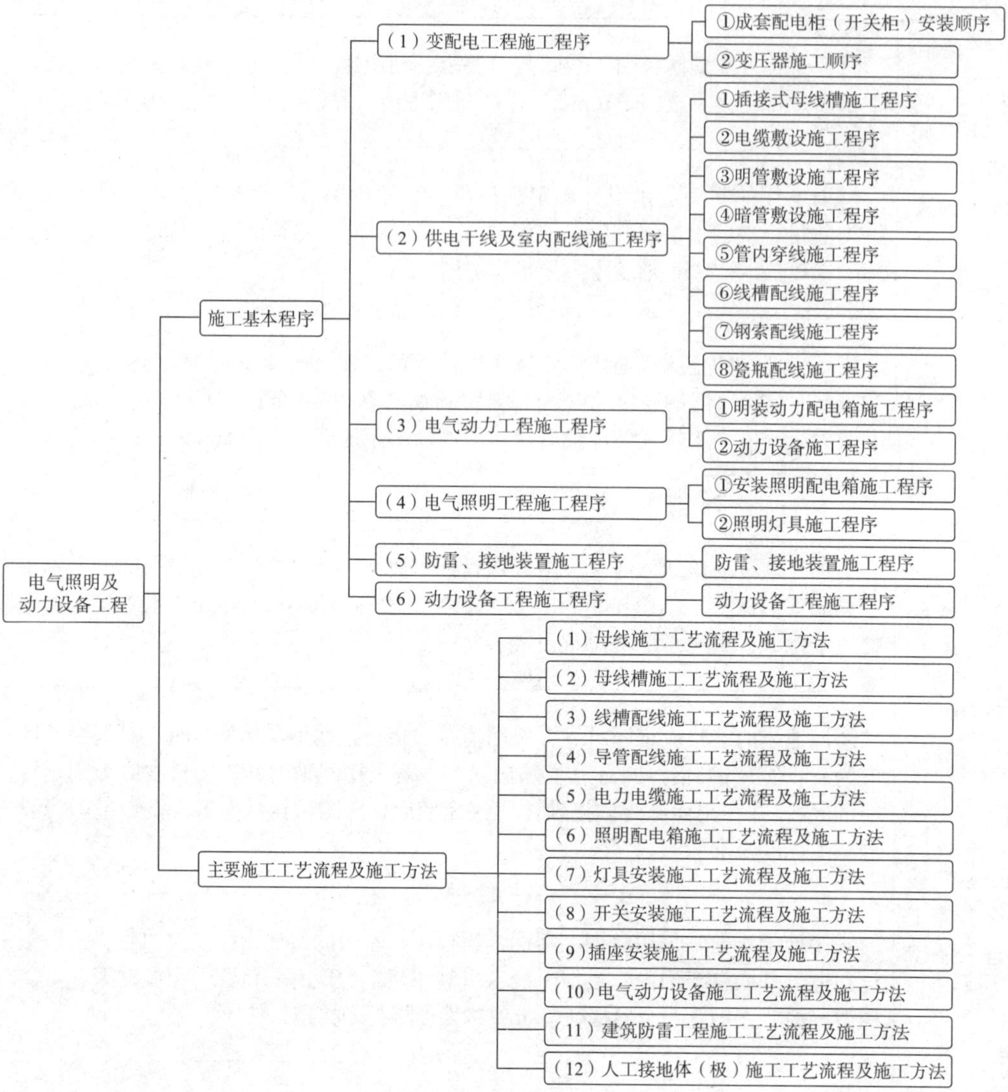

1.3.2 通风空调工程

1. 通风与空调工程施工程序

分类	通风与空调工程施工程序
通风与空调工程施工程序	施工准备→风管、部件、法兰的预制和组装→风管、部件、法兰的预制和组装的中间质量验收→支吊架制作与安装→风管系统安装→通风空调设备安装→空调水系统管道安装→管道检验与试验→风管、水管、部件及空调设备绝热施工→通风空调设备试运转、单机调试→通风与空调工程系统联合试运转调试→通风与空调工程竣工验收→通风与空调工程综合效能测定与调整

2. 通风与空调工程工艺流程及施工方法

流程	具体内容
（1）施工前的准备工作	①制定工程施工的工艺文件和技术措施，按规范要求规定所需验证的工序交接点和相应的质量记录，以保证施工过程质量的可追溯性
	②根据施工现场的实际条件，综合考虑土建、装饰、机电等专业对公用空间的要求，核对相关施工图。从满足使用功能和感观质量的要求出发，进行管线空间管理、支架综合设置和系统优化路径的深化设计，以免施工中造成不必要的材料浪费和返工损失。深化设计如有重大设计变更，应征得原设计人员的确认
	③与设备和阀部件的供应商及时沟通，确定接口形式、尺寸、风管与设备连接端部的做法。进口设备及连接件采购周期较长，必须提前了解其接口方式，以免影响工程进度
	④对进入施工现场的主要原材料、成品、半成品和设备进行验收，一般应由供货商、监理、施工单位的代表共同参加，验收必须得到监理工程师的认可，并形成文件
	⑤认真复核预留孔、洞的形状尺寸及位置，预埋支、吊件的位置和尺寸，以及梁柱的结构形式等，确定风管支、吊架的固定形式，配合土建工程进行留槽留洞，避免施工中过多的剔凿
（2）通风空调工程深化设计	①确定管线排布。 ②优化方案。 ③BIM技术的应用
（3）通风与空调系统调试（系统调试包括：设备单机试运转及调试，系统无生产负荷的联合试运转及调试）	①通风与空调系统联合试运转及调试由施工单位负责组织实施，设计单位、监理和建设单位参与。对于不具备系统调试能力的施工单位，可委托具有相应能力的其他单位实施
	②系统调试前由施工单位编制系统调试方案报送监理工程师审核批准。调试所用测试仪器仪表的精度等级及量程应满足要求，性能稳定可靠并在其检定有效期内。调试现场围护结构达到质量验收标准。通风管道、风口、阀部件及其吹扫、保温等已完成并符合质量验收要求。设备单机试运转合格。其他专业配套的施工项目（如：给水排水、强弱电及油、汽、气等）已完成，并符合设计和施工质量验收规范的要求
	③系统调试主要考核室内的空气温度、相对湿度、气流速度、噪声、空气的洁净度是否达到设计要求，是否满足生产工艺或建筑环境要求，防排烟系统的风量与正压是否符合设计和消防的规定。空调系统带冷（热）源的正常联合试运转，不应少于8h，当竣工季节与设计条件相差较大时，仅做不带冷（热）源试运转，例如：夏季可仅做带冷源的试运转，冬期可仅做带热源的试运转

续表

流程	具体内容
（3）通风与空调系统调试（系统调试包括：设备单机试运转及调试，系统无生产负荷的联合试运转及调试）	④系统调试应进行单机试运转。调试的设备包括：冷冻水泵、热水泵、冷却水泵、轴流风机、离心风机、空气处理机组、冷却塔、风机盘管、电制冷（热泵）机组、吸收式制冷机组、水环热泵机组、风量调节阀、电动防火阀、电动排烟阀、电动阀等。设备单机试运转要安全，保证措施要可靠，并有书面的安全技术交底
	⑤通风与空调系统无生产负荷的联合试运行及调试，应在设备单机试运转合格后进行。应包括下列内容： a. 监测与控制系统的检验、调整与联动运行。 b. 系统风量的测定和调整（通风机、风口、系统平衡）。系统风量平衡后应达到规定。 c. 空调水系统的测定和调整。在系统调试中要求对空调冷（热）水及冷却水的总流量以及各空调机组的水流量进行测定。空调冷热水、冷却水总流量测试结果与设计流量的偏差不应大于10%，各空调机组盘管水流量经调整后与设计流量的偏差不应大于20%。 d. 室内空气参数的测定和调整。 e. 防排烟系统测定和调整。防排烟系统测定风量、风压及疏散楼梯间等处的静压差，并调整至符合设计与消防的规定
（4）通风与空调工程竣工验收	①施工单位通过无生产负荷的系统运转与调试以及观感质量检查合格，将工程移交建设单位，由建设单位负责组织，施工、设计、监理等单位共同参与验收，合格后办理竣工验收手续
	②竣工验收资料包括：图纸会审记录、设计变更通知书和竣工图；主要材料、设备、成品、半成品和仪表的出厂合格证明及试验报告；隐蔽工程、工程设备、风管系统、管道系统安装试验及检验记录、设备单机试运转、系统无生产负荷联合试运转与调试、分部（子分部）工程质量验收、观感质量综合检查、安全和功能检验资料核查等记录
	③观感质量检查包括：风管及风口表面及位置；各类调节装置制作和安装；设备安装；制冷及水管系统的管道、阀门及仪表安装；支、吊架形式、位置及间距；油漆层和绝热层的材质、厚度、附着力等
（5）通风与空调工程综合效能的测定与调整	①通风与空调工程交工前，在已具备生产试运行的条件下，由建设单位负责，设计、施工单位配合，进行系统生产负荷的综合效能试验的测定与调整，使其达到室内环境的要求
	②综合效能试验测定与调整的项目，由建设单位根据生产试运行的条件、工程性质、生产工艺等要求进行综合衡量确定，一般以适用为准则，不宜提出过高要求
	③调整综合效能测试参数。要充分考虑生产设备和产品对环境条件要求的极限值，以免对设备和产品造成不必要的损害。调整时首先要保证对温湿度、洁净度等参数要求较高的房间，随时做好监测。调整结束还要重新进行一次全面测试，所有参数应满足生产工艺要求
	④防排烟系统与火灾自动报警系统联合试运行及调试后，控制功能应正常，信号应正确，风量、风压必须符合设计与消防规范的规定

通风空调工程思维导图

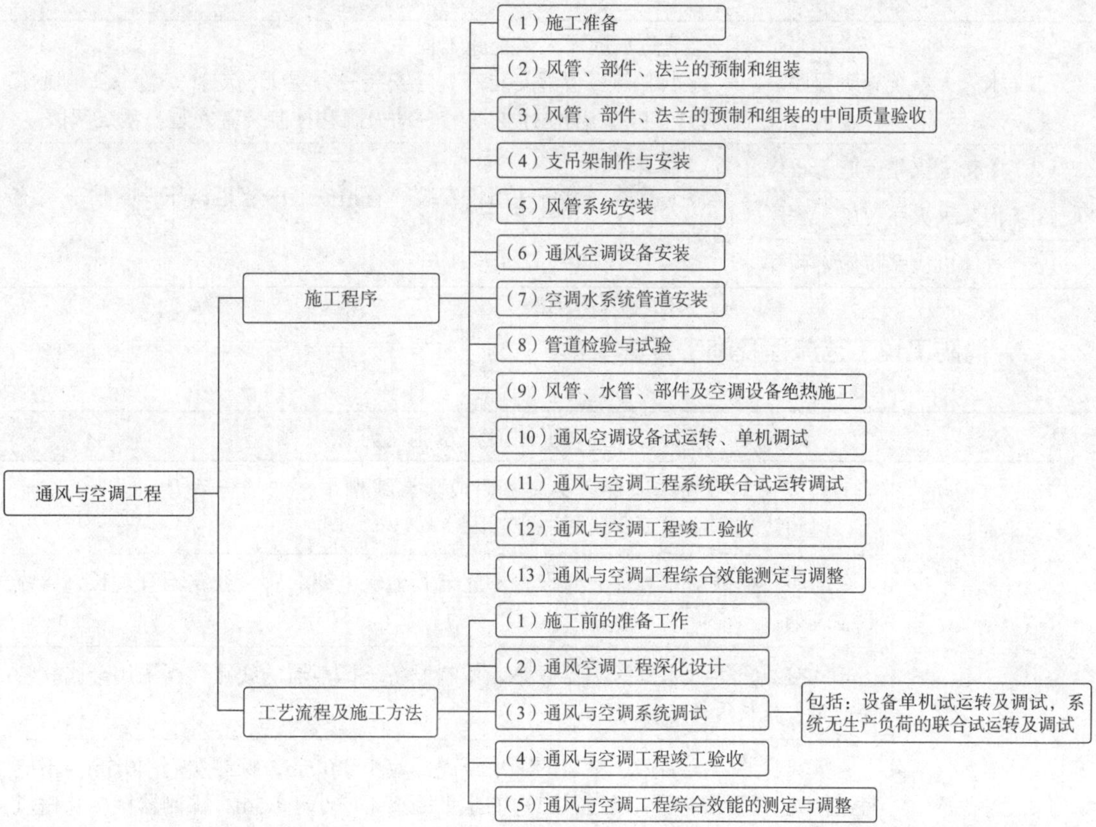

1.3.3 消防工程

1. 消防工程施工程序

系统类型	施工程序
（1）火灾自动报警及联动控制系统施工程序	施工准备→管线敷设→线缆敷设→线缆连接→绝缘测试→设备安装→单机调试→系统调试→验收
（2）水灭火系统施工程序	①消防水泵（或稳压泵）施工程序 施工准备→基础施工→泵体安装→吸水管路安装→压水管路安装→单机调试
	②消火栓系统施工程序 施工准备→干管安装→支管安装→箱体稳固→附件安装→管道调试压→冲洗→系统调试
	③自动喷水灭火系统施工程序 施工准备→干管安装→报警阀安装→立管安装→分层干、支管安装→喷洒头支管安装→管道试压→管道冲洗→减压装置安装→报警阀配件及其他组件安装→喷洒头安装→系统通水调试

续表

系统类型	施工程序
（2）水灭火系统施工程序	④消防水炮灭火系统施工程序 施工准备→干管安装→立管安装→分层干、支管安装→管道试压→管道冲洗→消防水炮安装→动力源和控制装置安装→系统调试
（3）干粉灭火系统施工程序	施工准备→设备和组件安装→管道安装→管道试压→吹扫→系统调试
（4）泡沫灭火系统施工程序	
（5）气体灭火系统施工程序	

2. 消防工程工艺流程及施工方法

分类	工艺流程及施工方法
（1）火灾自动报警及消防联动设备工艺流程及施工方法	①火灾自动报警线应穿入金属管内或金属线槽中，严禁与动力、照明、交流线、视频线或广播线等穿入同一线管内
	②消防广播线应单独穿管敷设，不能与其他弱电线共管，线路不宜过长，导线不能过细
	③从接线盒等处引到探测器底座、控制设备、扬声器的线路，当采用金属软管保护时，其长度不应大于2m
	④火灾探测器至墙壁、梁边的水平距离不应小于0.5m；探测器周围0.5m内不应有遮挡物；探测器至空调送风口边的水平距离不应小于1.5m；探测器至多孔送风口的水平距离不应小于0.5m
	⑤在宽度小于3m的内走道顶棚上设置探测器时，宜居中布置。感温探测器的安装间距不应超过10m；感烟探测器的安装间距不应超过15m
	⑥探测器宜水平安装，当必须倾斜安装时，倾斜角不应大于45°。探测器的确认灯应面向便于人员观察的主要入口方向
	⑦探测器的底座应固定牢靠，其导线连接必须可靠压接或焊接。当采用焊接时，不得使用带腐蚀性的助焊剂。探测器的“+”线应为红色线，“–”线应为蓝色线，其余的线应根据不同用途采用其他颜色区分。但同一工程中相同用途的导线颜色应一致
	⑧缆式线型感温火灾探测器在电缆桥架、变压器等设备上安装时，宜采用接触式布置；在各种皮带输送装置上敷设时，宜敷设在装置的过热点附近
	⑨可燃气体探测器安装时，安装位置应根据探测气体密度确定。在探测器周围应适当留出更换和标定的空间
	⑩手动火灾报警按钮应安装在明显和便于操作的部值。当安装在墙上时，其底边距地（楼）面高度宜为1.3～1.5m
	⑪同一报警区域内的模块宜集中安装在金属箱内。模块（或金属箱）应独立支撑或固定，安装牢固，并应采取防潮、防腐蚀等措施

续表

分类	工艺流程及施工方法
（1）火灾自动报警及消防联动设备工艺流程及施工方法	⑫火灾报警控制器、消防联动控制器等设备在墙上安装时，其底边距地（楼）面高度宜为1.3～1.5m，其靠近门轴的侧面距墙不应小于0.5m，正面操作距离不应小于1.2m；落地安装时，其底边宜高出地（楼）面0.1～0.2m
	⑬消防广播扬声器和警报装置宜在报警区域内均匀安装。警报装置应安装在安全出口附近明显处，距地面1.8m以上。警报装置与消防应急疏散指示标志不宜在同一面墙上，安装在同一面墙上时，距离应大于1m
	⑭火灾自动报警系统的调试应在建筑内部装修和系统施工结束后进行。调试前应按设计要求查验设备的规格、型号、数量、备品备件等。对属于施工中出现的问题，应会同有关单位协商解决，并有文字记录。应按规范要求检查系统线路，对于错线、开路、虚焊和短路等应进行处理
	⑮火灾自动报警系统调试，应先逐个对探测器、区域报警控制器、集中报警控制器、火灾报警装置和消防控制设备等进行单机检测，正常后方可进行系统调试
（2）消火栓系统工艺流程及施工方法	①管径小于或等于100mm的镀锌钢管应采用螺纹连接，套丝扣时破坏的镀锌层表面及外露螺纹部分应做防腐处理；管径大于100mm的镀锌钢管应采用法兰或卡套式专用管件连接，镀锌钢管与法兰的焊接处应二次镀锌
	②消火栓安装时栓口朝外，并不应安装在门轴侧
	③室内消火栓安装完成后，应取屋顶层（或水箱间内）试验消火栓和首层两处消火栓做试射试验，达到设计要求为合格
	④消防水泵接合器和消火栓的位置标志应明显，栓口的位置应便于操作。当消防水泵接合器和室外消火栓采用墙壁式时，如设计未要求，进、出水栓口的中心安装高度距地面应为1.10m，其上方应设有防坠落物打击的措施
	⑤系统安装完毕后必须进行水压试验，试验压力为工作压力的1～5倍，但不得小于0.6MPa。试验时在试验压力下，10min内压力降不应大于0.05MPa，然后降至工作压力进行检查，压力应保持不变，不渗不漏，水压试验方为合格
（3）自动喷水灭火系统工艺流程及施工方法	①消防水泵的出口管上应安装止回阀、控制阀和压力表，或安装控制阀、多功能水泵控制阀和压力表；系统的总出水管上还应安装压力表和泄压阀
	②消防气压罐的容积、气压、水位及工作压力应满足设计要求；给水设备安装位置、进出水管方向应符合设计要求；出水管上应设止回阀，安装时其四周应设检修通道
	③喷头安装应在系统试压、冲洗合格后进行。安装时不得对喷头进行拆装、改动，并严禁给喷头附加任何装饰性涂层。喷头安装应使用专用扳手，严禁利用喷头的框架施拧；喷头的框架、溅水盘产生变形或释放原件损伤时，应采用规格、型号相同的喷头更换
	④报警阀的安装应在供水管网试压、冲洗合格后进行。安装时先安装水源控制阀、报警阀，然后进行报警阀辅助管道的连接。水源控制阀、报警阀与配水干管的连接应使水流方向一致。安装报警阀组的室内地面应有排水设施

续表

分类	工艺流程及施工方法
（4）气体灭火系统工艺流程及施工方法	①灭火剂储存装置上压力计、液位计、称重显示装置的安装位置应便于观察和操作。灭火剂储存装置安装后，泄压装置的泄压方向不应朝向操作面。低压二氧化碳灭火系统的安全阀应通过专用的泄压管接到室外
	②选择阀的安装高度超过1.7m时应采取便于操作的措施。选择阀的流向指示箭头应指向介质流动方向
	③灭火剂输送管道安装完成后，应进行强度试验和气压严密性试验，并达到合格
	④安装在吊顶下的不带装饰罩的喷嘴，其连接管道管端螺纹不应露出吊顶；安装在吊顶下的带装饰罩的喷嘴，其装饰罩应紧贴吊顶
（5）防烟排烟系统工艺流程及施工方法	①排烟风管采用镀锌钢板时，板材最小厚度可按照国家标准《通风与空调工程施工规范》GB 50738-2011高压风管系统的要求选定。采用非金属与复合材料时，板材厚度应符合GB 50738-2011的要求
	②防火风管的本体、框架与固定材料必须为不燃材料，其耐火等级应符合设计要求
	③防火阀和排烟阀（排烟口）必须符合有关消防产品标准的规定，并具有相应的产品合格证明文件。执行机构应进行动作试验，结果应符合产品说明书的要求
	④防火阀、排烟阀（口）的安装方向、位置应正确。防火分区隔墙两侧的防火阀，距墙表面应不大于200mm。防火阀直径或长边尺寸大于或等于630mm时，宜设独立支吊架。排烟阀（口）及手控装置（包括预埋套管）的位置应符合设计要求，预埋套管不得有瘪陷
	⑤防排烟系统的柔性短管、密封垫料的制作材料必须为不燃材料
	⑥风管系统安装完成后，应进行严密性检验

消防工程思维导图

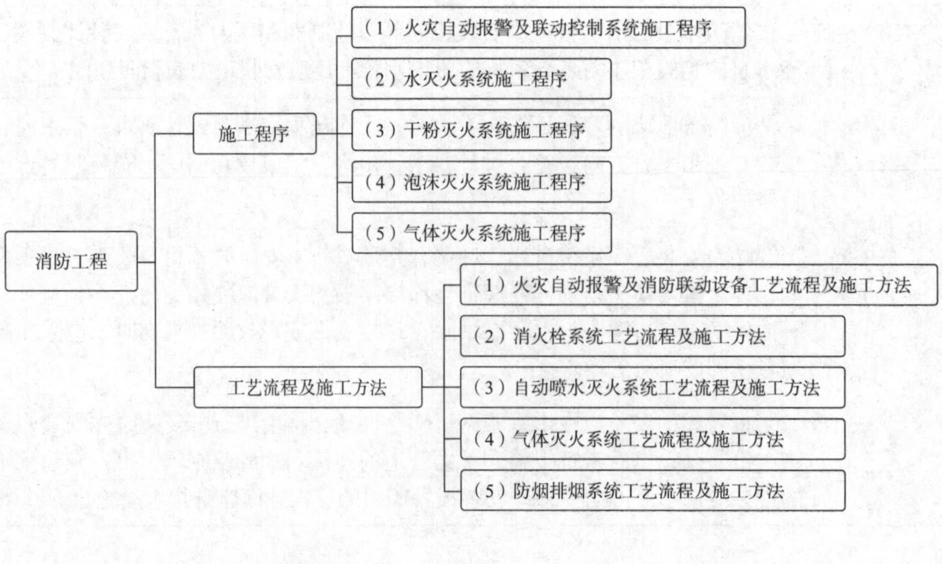

1.3.4 给水排水、采暖及燃气工程

1. 给水排水、采暖及燃气管道工程一般施工程序

类型	施工程序
建筑管道工程一般施工程序	施工准备→预留、预埋→管道测绘放线→管道元件检验→管道支架制作安装→管道加工预制→管道安装→系统试验→防腐绝热→系统清洗→试运行→竣工验收

2. 给水排水、采暖及燃气管道工程工艺流程及施工方法

类型	工艺流程及施工方法
给水排水、采暖及燃气管道工程工艺流程及施工方法	①施工准备包括技术准备、材料准备、机具准备、场地准备、施工组织及人员准备
	②配合土建工程预留、预埋
	③管道测绘放线
	④管道元件的检验。管道元件包括管道组成件和管道支撑件，安装前应认真核对元件的规格型号、材质、外观质量和质量证明文件等，对于有复验要求的元件还应该进行复验，如：合金钢管道及元件应进行光谱检测等。 a. 管道所用流量计及压力表应进行校验检定，设备及管道上的安全阀应由具备资质的单位进行整定。 b. 阀门应按规范要求进行强度和严密性试验，试验应在每批（同牌号、同型号、同规格）数量中抽查10%，且不少于一个。阀门的强度和严密性试验，应符合以下规定：阀门的强度试验压力为公称压力的1.5倍；严密性试验压力为公称压力的1.1倍；试验压力在试验持续时间内应保持不变，且壳体填料及阀瓣密封面无渗漏。安装在主干管上起切断作用的闭路阀门，应逐个做强度试验和严密性试验
	⑤管道支架制作安装。管道支架、支座、吊架的制作安装，应严格控制焊接质量及支吊架的结构形式，如：滚动支架、滑动支架、固定支架、弹簧吊架等。支架安装时应按照测绘放线的位置来进行，安装位置应准确、间距合理，支架应固定牢固、滑动方向或热膨胀方向应符合规范要求。随着技术的发展，高层建筑因管道较多，一般采用管线综合布置技术进行管线布置后，运用综合支吊架，以合理布置节约空间；绿色施工中为了减少现场焊接，较广泛地采用成品支架或支架工厂化预制
	⑥管道加工预制。管道预制应根据测绘放线的实际尺寸，本着先预制先安装的原则来进行，预制加工的管段应进行分组编号，非安装现场预制的管道应考虑运输的方便，预制阶段应同时进行管道的检验和底漆的涂刷工作
	⑦管道安装

续表

类型	工艺流程及施工方法
给水排水、采暖及燃气管道工程工艺流程及施工方法	⑧系统试验 a. 压力试验 管道压力试验应在管道系统安装结束，经外观检查合格、管道固定牢固、无损检测和热处理合格、确保管道不再进行开孔、焊接作业的基础上进行。 a）试验压力应按设计要求进行，当设计未注明试验压力时，应按规范要求进行。各种材质的给水管道系统试验压力均为工作压力的1.5倍，但不得小于0.6MPa。金属及复合管给水管道系统应在试验压力下观测10min，压力降不应大于0.02MPa，然后降到工作压力进行检查，应不渗不漏；塑料给水系应在试验压力下稳压1h，压力降不得超过0.05MPa，然后在工作压力的1.15倍状态下稳压2h，压力降不得超过0.03MPa，同时检查各连接处不得渗漏。 b）压力试验宜采用液压试验并应编制专项方案，当需要进行气压试验时应有设计人员的批准。 c）高层、超高层建筑管道应先按分区、分段进行试验，合格后再按系统进行整体试验。 b. 灌水试验 a）室内隐蔽或埋地的排水管道在隐蔽前必须做灌水试验，灌水高度应不低于底层卫生器具的上边缘或底层地面高度。灌水到满水15min，水面下降后再灌满观察5min，液面不降，管道及接口无渗漏为合格。 b）室外排水管网按排水检查井分段试验，试验水头应以试验段上游管顶加1m，时间不少于30min，逐段观察，管接口无渗漏为合格。 c）室内雨水管应根据管材和建筑物高度选择整段方式或分段方式进行灌水试验。整段试验的灌水高度应达到立管上部的雨水斗，当灌水达到稳定水面后观察1h，管道无渗漏为合格。 c. 通球试验 排水管道主立管及水平干管安装结束后均应做通球试验，通球球径不小于排水管径的2/3，通球率必须达到100%。 d. 消火栓系统试射试验 a）室内消火栓系统在安装完成后应做试射试验。试射试验一般取有代表性的三处，即屋顶（或水箱间内取一处）和首层取两处。 b）屋顶试验用消火栓试射可测得消火栓的出水流量和压力（充实水柱）；首层取两处消火栓试射，可检验两股充实水柱同时喷射到达最远点的能力。 e. 通水试验 排水系统安装完毕后，排水管道、雨水管道应分系统进行通水试验，以流水通畅、不渗不漏为合格
	⑨系统清洗 管道系统试验合格后，应进行管道系统清洗。 进行热水管道系统冲洗时，应先冲洗热水管道底部干管，后冲洗各环路支管。由临时供水入口向系统供水，关闭其他支管的控制阀门，只开启干管末端支管最底层的阀门，由底层放水并引至排水系统内。观察出水口处水质变化是否清洁。底层干管冲洗后再依次冲洗各分支环路，直至全系统管路冲洗完毕为止。生活给水系统管道在交付使用前必须冲洗和消毒

续表

类型	工艺流程及施工方法
给水排水、采暖及燃气管道工程工艺流程及施工方法	⑩防腐绝热 a. 管道的防腐方法主要有涂漆、衬里、静电保护和阴极保护等。例如：进行手工油漆涂刷时，漆层要厚薄均匀一致。多遍涂刷时，必须在上一遍涂膜干燥后才可涂刷第二遍。 b. 管道绝热按其用途可分为保温、保冷、加热保护三种类型。若采用橡塑保温材料进行保温时，应先把保温管用小刀划开，在划口处涂上专用胶水，然后套在管子上，将两边的划口对接，若保温材料为板材则直接在接口处涂胶、对接
	⑪试运行 供暖管道冲洗完毕后应通水、加热，进行试运行和调试
	⑫竣工验收 单位工程施工全部完成以后，各施工责任方内部应进行安装工程的预验收，提交工程验收报告，总承包单位经检查确认后，向建设单位提交工程验收报告。建设单位应组织有关的施工方、设计方、监理方进行单位工程验收，经检查合格后，办理交竣工验收手续及有关事宜

给水排水、采暖及燃气工程思维导图

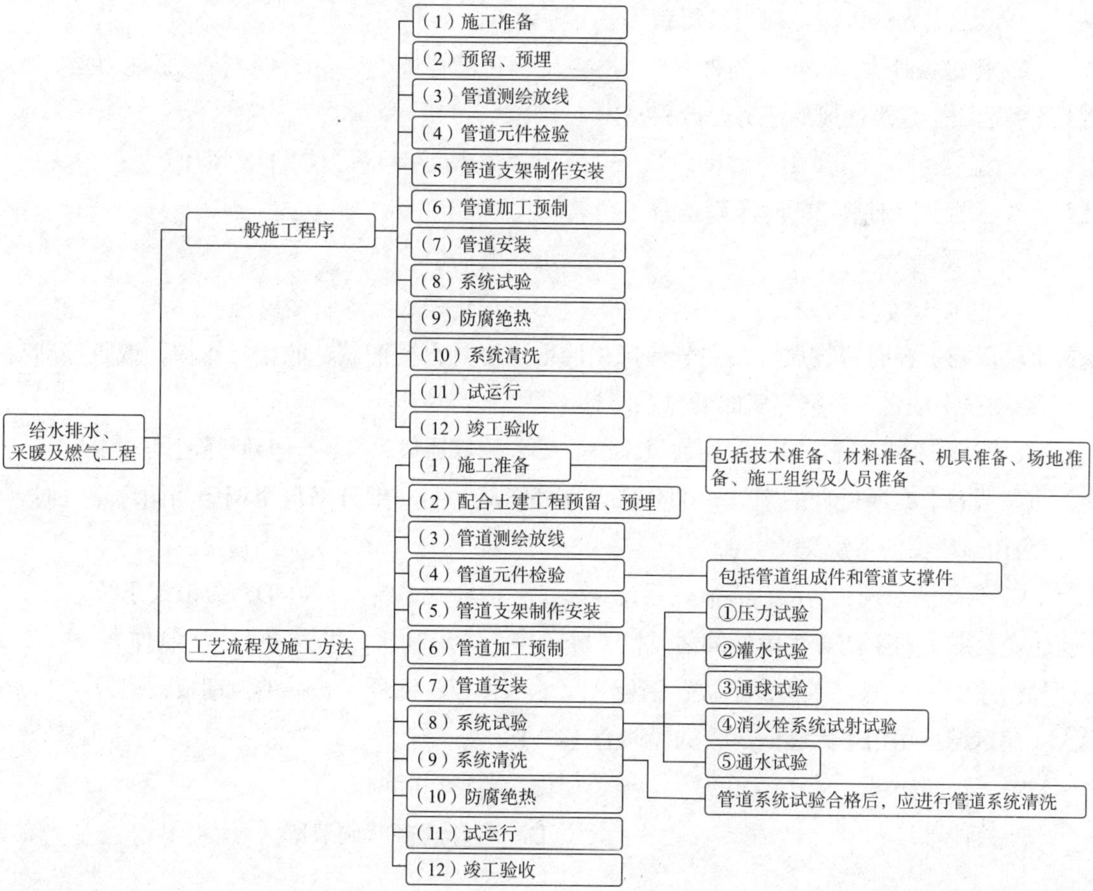

1.3.5 例题

❶【多选题】若需沿竖井和水中敷设电力电缆，应选用（　）。

A．交联聚乙烯绝缘聚氯乙烯护套粗钢丝铠装电力电缆

B．交联聚乙烯绝缘聚氯乙烯护套双钢带铠装电力电缆

C．交联聚乙烯绝缘聚乙烯护套细钢丝铠装电力电缆

D．交联聚乙烯绝缘聚乙烯护套双钢带铠装电力电缆

❷【单选题】交联聚乙烯绝缘电力电缆在竖井、水中、有落差的地方及承受外力情况下敷设时，应选用的电缆型号为（　）。

A．VLV　B．VLV22　C．YJV22　D．YJV32

❸【多选题】下列关于电力电缆和控制电缆的说法中，正确的是（　）。

A．控制电缆有铜芯和铝芯　B．控制电缆芯数一般少于5

C．电力电缆绝缘层厚　D．电力电缆有铠装和无铠装

❹【单选题】型号为LMY的母线名称是（　）。

A．软铜母线　B．硬铜母线　C．软铝母线　D．硬铝母线

❺【单选题】传输速率可达100Mb/s的双绞线为（　）。

A．3类线　B．4类线　C．5类线　D．6类线

❻【多选题】光纤传输电视信号具有（　）等优点。

A．传输损耗大　B．频带宽　C．传输容量小　D．抗干扰能力强

❼【多选题】建筑通风的任务是改善室内（　）。

A．温度　B．湿度　C．洁净度　D．风压

❽【多选题】目前常用的冷源设备有（　）。

A．热泵机组　B．电锅炉

C．电动压缩式制冷机组　D．溴化锂吸收式制冷设备

❾【单选题】在有害物质、高温气体产生的地点对其直接捕获、收集、排放，或直接向有害物产生地送入新鲜空气的通风系统是（　）。

A．全面通风系统　B．置换通风系统　C．局部通风系统　D稀释通风系统

❿【单选题】在所处理的空气一部分来自室外新风，另一部分来自空调房间循环空气时，应用最广泛的系统是（　）。

A．封闭式系统　B．直流式系统　C．混合式系统　D．分散式系统

⓫【单选题】对于防爆等级低的通风机，叶轮用（　）制作，机壳用（　）制作。

A．铝板；铝板　B．铝板；钢板　C．钢板；钢板　D．钢板；铝板

⓬【单选题】可用于大断面风管的风阀有（　）。

A．蝶式调节阀　B．菱形单叶调节阀

C．插板阀　D．对开式多叶调节阀

⑬【单选题】利用多孔吸声材料来降低噪声，是一种最简单的消声器，此消声器是（　）。

A．消声弯头　　B．微穿孔式消声器

C．阻抗复合式消声器　　D．管式消声器

⑭【单选题】具有质量轻、制冷系数高、容量调节方便等优点，广泛使用在大中型商业建筑空调系统中，但用于小制冷量时能效下降大，负荷太低时有喘振现象的制冷装置为（　）。

A．活塞式冷水机组　　B．螺杆式冷水机组

C．离心式冷水机组　　D．冷风机组

⑮【单选题】广泛用于家用冰箱（冰柜）、汽车空调、超市用制冷以及大多数的住宅、商业和工艺用空调的制冷装置是（　）。

A．活塞式冷水机组　　B．吸收式制冷机组

C．离心式冷水机组　　D．压缩式制冷机组

⑯【单选题】民用建筑空调制冷中采用时间最长，使用数量最多，且具有制造简单、价格低廉、运行可靠、使用灵活等优点，在民用建筑空调中占重要地位的是（　）。

A．活塞式冷水机组　　B．螺杆式冷水机组

C．离心式冷水机组　　D．冷风机组

⑰【多选题】既能供冷又能供热的冷热源一体化设备有（　）。

A．锅炉　　B．冷风机组

C．直燃性冷热水机组　　D．热泵机组

⑱【单选题】主要用于过滤10μm以上沉降性微粒和异物的过滤器是（　）。

A．初效过滤器　　B．中效过滤器　　C．高效过滤器　　D．超高效过滤器

⑲【单选题】采用碳钢板制作风管时，钢板厚度≤1.2mm，可采用的连接方式为（　）。

A．咬接　　B．法兰连接　　C．焊接　　D．螺纹连接

⑳【多选题】采用不锈钢风管制作风管时，钢板厚度>1mm，可采用的连接方式为（　）。

A．咬接　　B．电弧焊　　C．氩弧焊　　D．气焊

㉑【单选】下列说法中，正确的是（　）。

A．生活给水系统管道在交付使用前必须冲洗和消毒

B．非承压管道系统和设备在隐蔽前必须做通球试验

C．管道穿过墙壁和楼板，应设置防水套管

D．隐蔽工程应在单位工程竣工验收时经各方验收

㉒【单选】冷热水管道上下平行安装时，冷水管应在热水管的（　）。

A．下方　　B．右侧　　C．左侧　　D．上方

㉓【单选】燃气管道应喷涂识别漆，一般采用（　）防腐漆。

A．绿色　　B．蓝色　　C．黄色　　D．红色

㉔【单选】室外给水管道在无冰冻地区埋地敷设，穿越道路部位的埋深不得小于（　）。

A．600mm　B．500mm　C．700mm　D．1000mm

㉕【单选】**反向供水，供水可靠性差，投资节约的室外给水管网的是（　）。**

A．直线管网　B．树状管网　C．环状管网　D．链状管网

㉖【单选】**下列室内给水系统设施中，属于加压贮水设备的是（　）。**

A．阀门　B．水箱　C．水表　D．减压孔板

㉗【单选】**给水系统分区设置水箱和水泵，水泵分散布置，总管线较短，投资较省，能量消耗较小，但供水独立性差，上区受下区限制的给水方式是（　）。**

A．分区串联给水　B．分区水箱减压给水

C．高位水箱减压阀给水　D．分水并联给水

㉘【单选】**利用水箱减压，适用于允许分区设置水箱，电力供应充足，电价较低的各类高层建筑，水泵数目少，维护管理方便，分区水箱容积小，少占建筑面积。下区供水受上区限制，屋顶箱容积大的供水方式为（　）。**

A．分区减压阀减压给水　B．分区串联给水

C．分区水箱减压给水　D．分区并联给水

㉙【多选】**高层民用建筑中，热水管*De*≤63mm时，可采用（　）。**

A．不锈钢管　B．镀锌无缝钢管

C．给水聚丙烯管　D．衬塑铝合金管

㉚【单选】**下列关于管道连接方式的说法不正确的是（　）。**

A．硬聚氯乙烯管可采用粘接

B．给水铸铁管采用承插连接

C．*DN*>100mm钢管可采用法兰连接

D．聚丙烯管与金属管之间采用热熔连接

㉛【单选】**适用于利用室外给水管网水压直接供水的工业与民用建筑的给水管网的布置方式是（　）。**

A．下行上给式　B．上行下给式　C．中分式　D．环路式

㉜【单选】**生活给水系统管道的冲洗顺序是（　）。**

A．先室外，后室内；先地上，后地下

B．先室外，后室内；先地下，后地上

C．先室内，后室外；先地下，后地上

D．先室内，后室外；先地上，后地下

㉝【单选】**室内给水管上阀门设置正确的是（　）。**

A．*DN*≤50mm，使用闸阀和球阀

B．*DN*≤50mm，使用闸阀和蝶阀

C．*DN*>50mm，使用球阀和蝶阀

D．*DN*>50mm，使用闸阀和球阀

34 【单选】**建筑给水系统中一般采用的水泵是（　）。**

A. 离心式水泵　　B. 混流泵　　C. 真空泵　　D. 轴流泵

35 【单选】**下列设备中，不属于清通设备的是（　）。**

A. 检查口　　B. 清扫口　　C. 室内检查井　　D. 通气管

36 【单选】**下列管道中，应做通球试验的是（　）。**

A. 排水横支管　　B. 排水立管　　C. 室外排水管　　D. 通气管

37 【单选】**下列关于通气管安装的说法中，正确的是（　）。**

A. 在经常有人停留的平屋面上，通气管口应高出屋面1.8m

B. 伸顶通气管高出屋面不得小于0.2m，且必须大于最大积雪厚度

C. 在通气管口周围4m以内有门窗时，通气管口应引向无门窗一侧

D. 在通气管口周围5m以内有门窗时，通气管口应高出门窗顶0.6m

38 【单选】**在锅炉房、热交换站等处将水集中加热，通过热水供应管网输送至整幢或更多建筑的热水供应系统是（　）。**

A. 局部供应　　B. 无循环供应　　C. 区域供应　　D. 集中供应

39 【单选】**可将热源、管道系统和散热设备在构造上联成一个整体的采暖系统为（　）。**

A. 热水采暖系统　　B. 区域采暖系统

C. 集中采暖系统　　D. 局部采暖系统

40 【单选】**与铸铁散热器相比，钢制散热器的特点是（　）。**

A. 占地小，使用寿命长　　B. 结构简单，热稳定性好

C. 防蚀性好　　D. 耐压强度高

41 【多选】**与钢制散热器相比，铸铁散热器的特点是（　）。**

A. 防腐性好，使用寿命长　　B. 金属耗量少

C. 结构简单，热稳定性好　　D. 金属热强度低于钢散热器

42 【单选】**将热源和散热设备分开设置，由管网将其连接，以锅炉房为热源作用于一栋或几栋建筑物的采暖系统类型为（　）。**

A. 区域采暖系统　　B. 分散采暖系统

C. 集中采暖系统　　D. 局部采暖系统

43 【多选】**与其他几种人工补偿器相比，球形补偿器除具有补偿能力强、流体阻力小的特点外，还包括（　）。**

A. 不需停气减压便可维修出现的渗漏

B. 对固定支座的作用力小

C. 补偿器变形应力小

D. 成对使用可作万向接头

44 【多选】**填料式补偿器的主要特点有（　）。**

A. 轴向推力大，易漏水　　B. 流体限力小，补偿能力较大

C．填料适用寿命长，无需经常更换　　D．安装方便，占地面积小

45 【多选】**采暖工程中，分户热计量分室温度控制系统装置包括（　）。**

A．平衡阀　　B．锁闭阀　　C．热量分配表　　D．散热器温控阀

46 【多选】**燃气输配系统是一个综合设施，其组成除包括燃气输配管网、储站外，还有（　）。**

A．数据采集系统　　B．调压计量站　　C．恒流计量站　　D．运行监控系统

47 【单选】**城市燃气供应系统中，目前在中、低压两级系统使用的燃气压送设备有罗茨式鼓风机和（　）。**

A．往复式压送机　　B．离心式鼓风机　　C．螺式压送机　　D．滑片式压送机

1.3.6　例题解析

1 **【答案】**AC

【解析】本题考查对材料的理解。钢带为非常薄的铁皮，钢丝性能较好。在竖井和水中敷设要求高，且竖井中要承受外力，故选择AC。

2 **【答案】**D

【解析】本题考查的是常见的电力电缆材料。承受外力并且有落差的地方，应选择最好的电缆，故选D。

3 **【答案】**CD

【解析】本题考查的是电力电缆和控制电缆的区别。电力电缆一般应用于大型机械设备上，控制电缆一般应用于弱电、智能化系统上，无铜芯和铝芯，故排除A；控制电缆芯数比较多，电力电缆芯数一般少于5，故排除B；故选择CD。

4 **【答案】**D

【解析】本题考查的是材料代码所代表的含义。Y代表硬，故排除AC；M代表母线，L代表铝，T代表铜，故选择D。

5 **【答案】**C

【解析】本题考查的是双绞线常见类型。3类线传输速度较低，现实中应用5类线比较多，6类线超过100Mb/s，故选C。

6 **【答案】**BD

【解析】本题考核的是光缆的优点。用光缆传输信号具有传输损耗小，频带宽、抗干扰能力强的优点，故排除AC，选择BD。

7 **【答案】**ABC

【解析】本题考核的是通风的作用。建筑通风的任务是改善室内的温度、湿度、洁净度、流速，没有风压。

8 **【答案】**CD

【解析】本题考核的是常见的制冷设备有哪些。冷源设备是提供制冷量，故选CD。热泵

机组既可以制冷也可以制热，但是不常用。

⑨【答案】B

【解析】本题考核的是对通风系统作用范围分类。通风地点为局部，故选C。ABD都是全面的。

⑩【答案】C

【解析】本题考核的是空调系统按处理空气来源的分类。封闭式系统没有新风。直流式系统只允许送新风，不允许回风。根据题目，一部分来自室外新风，一部分来自空调房间循环空气，故选C。

⑪【答案】B

【解析】本题考核的是防爆通风机的相关内容。防爆用铝板，主要原因是铝板不容易产生火花。叶轮部位容易产生碰撞所以用铝板，防爆等级低的通风机，机壳部位主要起保护作用，所以用钢板就可以。

⑫【答案】D

【解析】本题考核风量调节阀的类型。插板阀主要用在小端面风管上，对开式多叶调节阀主要用在大断面风管上。

⑬【答案】D

【解析】本题考核的是按消声机理分类中的消声器原理。管式消声器是最简单的消声器，利用多孔吸声材料来降低噪声。

⑭【答案】C

【解析】本题考核的是压缩式冷水机组的选择。活塞式冷水机组：采用时间最长，使用数量最多的，制造简单价格低，在民用建筑空调中占有重要地位。离心式冷水机组：具有质量轻、制冷系数高、容量调节方便等优点，广泛使用在大中型商业建筑空调系统应用最广泛的。螺杆式冷水机组兼具活塞式冷水机组和离心式冷水机组的优点，性能更好。

⑮【答案】D

【解析】本题考核的是电制冷装置即压缩式制冷机组的作用。压缩式制冷机组通过铜管里面的制冷剂进行液化、气化。

⑯【答案】A

【解析】本题考核的是压缩式冷水机组的选择。活塞式冷水机组：采用时间最长，使用数量最多的，制造简单价格低，在民用建筑空调中占有重要地位。

⑰【答案】CD

【解析】本题考核的是冷热源设备。冷风机组是单冷，既能供冷又能供热的冷热源一体化设备是直燃性冷热水机组与热泵机组。

⑱【答案】A

【解析】本题考核的是空气过滤器的分类和作用。初效过滤器：10μm以上的沉降性颗粒和异物。中效过滤器：1~10μm沉降性颗粒和异物。高效过滤器：初效过滤器和中效过滤器不能过滤的且含量比较多及1.0μm以下的沉降性颗粒和异物。

⑲【答案】A

【解析】本题考核的是风管的一般规定。厚度比较小可以采用咬接。厚度＞1.2mm的应采用焊接。

⑳【答案】BC

【解析】本题考核的是不锈钢风管的一般规定。采用不锈钢风管制作风管时，钢板厚度≤1mm应采用咬接，>1mm应采用电弧焊或者氩弧焊，不得采用气焊。

㉑【答案】A

【解析】本题考核的是给排水的工艺流程和施工方法。B，一般排水的立管和主干管做通球试验，小支管不做，室外排水管也不做此试验。C，普通套管即可。D，隐蔽工程需在隐蔽前进行各方验收，并形成记录。

㉒【答案】A

【解析】本题考核的是室内给水系统安装的一般规定。安装在下方可避免液化。

㉓【答案】C

【解析】本题考查的是用户燃气系统安装。

㉔【答案】C

【解析】本题考核的是《建筑给水排水及采暖工程施工质量验收规范》，GB 50242—2002的有关规定。

㉕【答案】B

【解析】本题考核的是给水管网的布置形式。

㉖【答案】B

【解析】本题考核的是给水系统常见的设备的作用。

㉗【答案】A

【解析】本题考核的是分区供水系统分类和优缺点。B，分区水箱减压是从高往下供水。C，题干没有减压阀的描述。D，并联上下分区不会受到限制。

㉘【答案】C

【解析】本题考核的是分区供水系统分类和优缺点。

㉙【答案】CD

【解析】本题考核的是管材的分类和基本性能。

㉚【答案】D

【解析】本题考核的管材的连接方式。

㉛【答案】A

【解析】本题考核的是水平干管的布置位置和形式。室外给水管网的水压来自市政水压，所以是下行上给。

㉜【答案】B

【解析】本题考核的是给水系统冲洗、试压、消毒、调试的相关说明。

㉝【答案】A

【解析】本题考核的是阀门的应用位置和特点。$DN\leq50$时，宜使用闸阀或球阀，$DN>50$mm时宜采用蝶阀，在双向流动和经常启闭的管道上宜采用闸阀和蝶阀。

㉞【答案】A

【解析】本题考核的是不同水泵的特点。轴流泵流量大，水压低，离心泵力量小，水压高。

㉟【答案】D

【解析】本题考核的是排水系统中常见的清通设备有哪些。

㊱【答案】B

【解析】本题考核的是给排水的工艺流程和施工方法。

㊲【答案】C

【解析】本题考核的是《建筑给水排水设计标准》GB 50015—2019中通气管相关设置规定。A，应高出屋面2m；B，应不得小于0.3m；D，在通气管的4m内应有门窗。

㊳【答案】D

【解析】本题考核的是集中热水供应系统的特点。抓住整幢这个描述，仅有集中供应满足题干要求。

㊴【答案】D

【解析】本题考核的是采暖系统按供热区域的分类和特点。

㊵【答案】D

【解析】本题考核的是散热器的分类和特点。A，应为使用寿命短B，应为热稳定性不好C，应为防腐蚀性差。

㊶【答案】ACD

【解析】本题考核的是散热器的分类和特点。

㊷【答案】C

【解析】本题考核的是采暖系统按供热区域的分类和特点。

㊸【答案】ABC

【解析】本题考核的是球形补偿器的特点。球形补偿器单台使用时可以作万向接头使用，没有补偿能力，成对使用具有补偿能力，适用远距离的热能输送，长时间使用不需要停气减压。

㊹【答案】ABD

【解析】本题考核的是填料式补偿器的特点。C，填料是需要经常更换的。

㊺【答案】BCD

【解析】本题考核的是分户热计量分室温度控制系统装置。平衡阀是阀门里的。

㊻【答案】ABD

【解析】本题考核的是燃气输配系统的组成。

㊼【答案】A

【解析】本题考核的是中、低压两级系统中使用的压送设备。

第四节　安装工程常用施工机械及检测仪表的类型及应用

1.4.1　吊装机械

1. 常用的索吊具

分类	涵盖内容
（1）绳索	①麻绳，用于小型设备吊装，设备吊装中常用油浸麻绳和白棕绳
	②尼龙带，适用于精密仪器及外表面要求比较严格的物件吊装
	③钢丝绳，在起重机械和吊装工作中得到广泛的采用
（2）吊具	①吊钩，有环眼吊钩、旋转吊钩、S钩等
	②吊环，有圆吊环、梨形吊环、长吊环等
	③吊梁，包括承载梁及连接索具，是对被吊物吊运的专用横梁吊具
（3）滑轮	滑轮用在起重机上可起到省力，改变方向和支撑等作用

2. 轻小型起重设备

分类	涵盖内容
（1）千斤顶	千斤顶是一种普遍使用的起重工具，具有结构轻巧、搬动方便、体积小、起重量大、操作简便等特点
（2）滑车	滑车是被广泛使用的一种小型起重工具，用它与钢丝绳穿绕在一起，配以卷扬机，即可进行重物的起吊运输作业
（3）起重葫芦	可分为手拉葫芦、手扳葫芦、电动葫芦、气动葫芦、液动葫芦等
（4）卷扬机	在设备吊装中常用的牵引设备有电动卷扬机、手动卷扬机和绞磨，一般大、中型设备吊装均使用电动卷扬机

3. 起重机

名称	类别		品种
起重机	（1）桥架型	①桥式起重机	带回转臂、带回转小车、带导向架的桥式起重机，同轨、异轨双小车桥式起重机，单主梁、双梁、挂梁桥式起重机，电动葫芦桥式起重机，柔性吊挂桥式起重机，悬挂起重机
		②门式起重机	双梁、单梁、可移动主梁门式起重机
		③半门式起重机	——
	（2）臂架型	①塔式起重机	固定塔式、移动塔式、自升塔式起重机
		②流动式起重机	轮胎起重机、履带起重机、汽车起重机
		③铁路起重机	蒸汽、内燃机、电力铁路起重机
		④门座起重机	港口、船厂、电站门座起重机
		⑤半门座起重机	——
		⑥桅杆起重机	固定式移动式桅杆起重机
		⑦悬臂式起重机	柱式、壁式、旋臂式起重机，自行车式起重机
		⑧浮式起重机	——
		⑨甲板起重机	——
	（3）缆索型	①缆索起重机	固定式、平移式、辐射式缆索起重机
		②门式缆索起重机	——

常见起重机	特点及适用范围
流动式起重机	流动式起重机主要有汽车起重机、轮胎起重机、履带起重机、全地面起重机、随车起重机等。 流动式起重机适用于单件重量大的大、中型设备、构件的吊装，作业周期短
塔式起重机	塔式起重机适用于在某一范围内数量多，而每一单件重量较小的设备、构件吊装，作业周期长
桅杆起重机	桅杆起重机主要适用于某些特重、特高和场地受到特殊限制的设备、构件吊装

4. 起重机选用的基本参数

参数	具体内容
（1）吊装载荷	吊装载荷的组成：被吊物（设备或构件）在吊装状态下的重量和吊、索具重量（流动式起重机一般还应包括吊钩重量和从臂架头部垂下至吊钩的起升钢丝绳重量）

续表

参数	具体内容
（2）吊装计算载荷	①动载荷系数。一般取动载荷系数K_1为1.1。 ②不均衡载荷系数。在多分支（多台起重机、多套滑轮组等）共同抬吊一个重物时，以不均衡载荷系数计入其影响。一般取不均衡载荷系数K_2为1.1～1.2。 ③吊装计算载荷。在起重工程中，当多台起重机联合起吊设备，其中一台起重机承担的计算载荷，需计入载荷运动和载荷不均衡的影响，计算载荷的一般公式为： $Q_j=K_1 \cdot K_2 \cdot Q$ 式中： Q_j——计算载荷； Q——分配到一台起重机的吊装载荷，包括设备及索吊具重量
（3）额定起重量	额定起重量是在确定回转半径和起升高度后起重机能安全起吊的重量。额定起重量应大于计算载荷。 采用双机抬吊时，宜选用同类型或性能相近的起重机，负载分配应合理，单机载荷不得超过额定起重量的80%
（4）幅度	旋转臂架式起重机的幅度是指旋转中心线与取物装置铅垂线之间的水平距离；非旋转类型的臂架起重机的幅度是指吊具中心线至臂架后轴或其他典型轴线之间的水平距离；臂架倾角最小或小车位置与起重机回转中心距离最大时的幅度为最大幅度；反之为最小幅度
（5）最大起升高度	起重机最大起重高度应满足下式要求： $H>h_1+h_2+h_3+h_4$ 式中： H——起重机吊臂顶端滑轮的高度（m）； h_1——设备高度（m）； h_2——索具高度（包括钢丝绳、平衡梁、卸扣等的高度）（m）； h_3——设备吊装到位后底部高出地脚螺栓高的高度（m）； h_4——基础和地脚螺栓高（m）

5. 流动式起重机的选用

种类	性能
汽车起重机	汽车起重机是将起重机构安装在通用或专用汽车底盘上的起重机械。特别适用于流动性大、不固定的作业场所。吊装时，靠支腿将起重机支撑在地面上，但不可在360° 范围内进行吊装作业，对基础要求也较高
轮胎起重机	轮胎起重机近年来已用得较少
履带起重机	履带起重机是在行走的履带底盘上装有起重装置的起重机械，是一种自行式、全回转的起重机械。一般大吨位起重机较多采用履带起重机。其对基础的要求也相对较低，在一般平整坚实的场地上可以载荷行驶作业

续表

种类	性能
履带起重机	但其行走速度较慢，履带会破坏公路路面。转移场地需要用平板拖车运输。较大的履带起重机，转移场地时需拆卸、运输、组装，适用于没有道路的工地、野外等场所。除作起重作业外，在臂架上还可装打桩、抓斗、拉铲等工作装置，一机多用

种类	选用步骤
流动式起重机（依照其特性曲线进行）	①根据被吊装设备或构件的就位位置、现场具体情况等确定起重机的站车位置，站车位置一旦确定，其工作幅度也就确定了
	②根据被吊装设备或构件的就位高度、设备尺寸、吊索高度和站车位置（幅度），由起重机的起升高度特性曲线，确定其臂长
	③根据上述已确定的工作幅度（回转半径）、臂长，由起重机的起重量特性曲线，确定起重机的额定起重量
	④如果起重机的额定起重量大于计算载荷，则起重机应选择合格，否则应重新选择
	⑤校核通过性能。计算吊臂与设备之间、吊钩与设备及吊臂之间的安全距离，应符合规范要求，选择合格，否则重选

6. 吊装方法

吊装方法	具体内容
（1）塔式起重机吊装	起重吊装能力为3～100t，臂长在40～80m，常用在使用地点固定、使用周期较长的场合，较经济。一般为单机作业，也可双机抬吊
（2）汽车起重机吊装	机动灵活，使用方便。可单机、双机吊装，也可多机吊装
（3）履带起重机吊装	对于中、小重物可吊重行走，机动灵活，使用方便，使用周期长，较经济。可单机、双机吊装，也可多机吊装
（4）桥式起重机吊装	多为仓库、厂房、车间内使用，一般为单机作业，也可双机抬吊
（5）直升机吊装	用在其他吊装机械无法完成吊装的地方，如山区、高空
（6）桅杆系统吊装	通常由桅杆、缆风系统、提升系统、拖排滚杠系统、牵引溜尾系统等组成
（7）缆索系统吊装	用在其他吊装方法不便或不经济的场合，重量不大、跨度、高度较大的场合。如桥梁建造、电视塔顶设备吊装
（8）液压提升	目前多采用“钢绞线悬挂承重、液压提升千斤顶集群、计算机控制同步”方法整体提升（滑移）大型设备与构件。解决了在常规状态下，采用桅杆起重机、移动式起重机所不能解决的大型构件整体提升技术难题，已广泛应用于市政工程建筑工程的相关领域以及设备安装领域
（9）利用构筑物吊装	即利用建筑结构作为吊装点，通过卷扬机、滑轮组等吊具实现设备的提升或移动

吊装机械思维导图

- 吊装机械
  - 常用的索吊具
    - 绳索
      - ①麻绳：用于小型设备吊装，设备吊装中常用油浸麻绳和白棕绳
      - ②尼龙带：适用于精密仪器及外表面要求比较严格的物件吊装
      - ③钢丝绳：在起重机械和吊装工作中得到广泛的采用
    - 吊具
      - ①吊钩：有环眼吊钩、旋转吊钩、S钩等
      - ②吊环：有圆吊环、梨形吊环、长吊环等
      - ③吊梁：包括承载梁及连接索具，是对被吊物吊运的专用横梁吊具
    - 滑轮：用在起重机上起到省力，改变方向和支撑等作用
  - 轻小型起重设备
    - 千斤顶
    - 滑车
    - 起重葫芦
    - 卷扬机
  - 起重机
    - 桥架型
      - ①桥式起重机
      - ②门式起重机
      - ③半门式起重机
    - 臂架型
      - ①塔式起重机
      - ②流动式起重机
      - ③铁路起重机
      - ④门座起重机
      - ⑤半门座起重机
      - ⑥桅杆起重机
      - ⑦悬臂式起重机
      - ⑧浮式起重机
      - ⑨甲板起重机
    - 缆索型
      - ①缆索起重机
      - ②门式缆索起重机
    - 常见起重机
      - ①流动式起重机
      - ②塔式起重机
      - ③桅杆起重机
  - 起重机选用的基本参数
    - 吊装载荷
    - 吊装计算载荷
    - 额定起重量
    - 幅度
    - 最大起升高度
  - 流动式起重机
    - 种类
      - 汽车起重机：性能：特别适用于流动性大、不固定的作业场所
      - 轮胎起重机：性能：轮胎起重机近年来已用得较少
      - 履带起重机：性能：一般大吨位起重机较多采用履带起重机
    - 选用：依照其特性曲线进行
  - 吊装方法
    - 塔式起重机吊装：一般为单机作业，也可双机抬吊
    - 汽车起重机吊装：可单机、双机吊装，也可多机吊装
    - 履带起重机吊装：可单机、双机吊装，也可多机吊装
    - 桥式起重机吊装：多为仓库、厂房、车间内使用，一般为单机作业，也可双机抬吊
    - 直升机吊装：用在其他吊装机械无法完成吊装的地方，如山区、高空
    - 桅杆系统吊装
    - 缆索系统吊装：用在其他吊装方法不便或不经济的场合，重量不大、跨度、高度较大的场合
    - 液压提升：已广泛应用于市政工程建筑工程的相关领域以及设备安装领域
    - 利用构筑物吊装：利用建筑结构作为吊装点，通过卷扬机、滑轮组等吊具实现设备的提升或移动

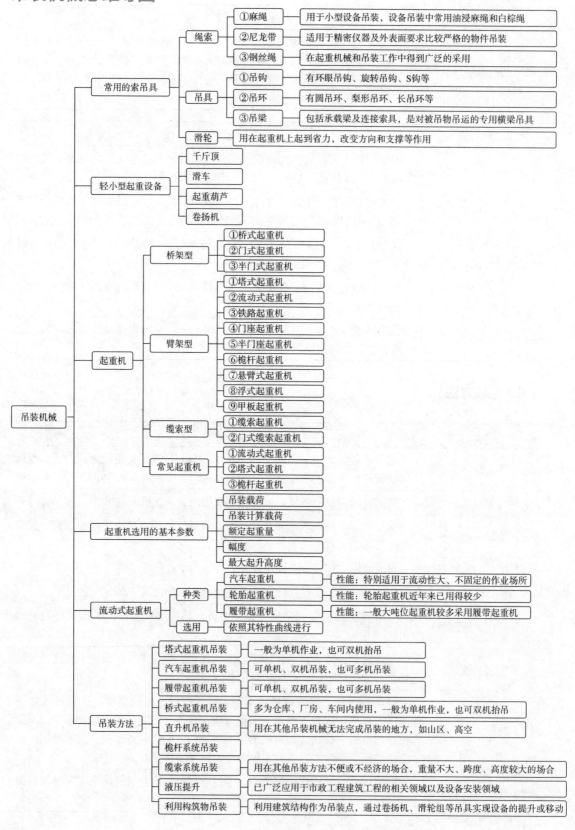

1.4.2 切割、焊接机械

1. 焊机分类

焊机根据焊接自动化程度可分为手工焊机和自动焊机。

种类	具体内容
（1）手工焊机	主要有CO_2气体保护焊机、氩弧焊机、混合气体保护焊机等类型，其中氩弧焊机对工人的操作技能要求较高
（2）自动焊机	自动焊机是由电气控制系统，并根据需要配备送丝机、焊接摆动器、弧长跟踪器、各种回转驱动装置、工装夹具、滚轮架、焊接电源等组成的一套自动化焊接设备。包括焊接机械手、环纵缝自动焊机、变位机、焊接中心、龙门焊机等

2. 常用焊机

种类	具体内容
（1）埋弧焊机特性	①埋弧焊机分为自动焊机和半自动焊机两大类。生产效率高、焊接质量好、劳动条件好
	②埋弧焊依靠颗粒状焊剂堆积形成保护条件，主要适用于平位置（俯位）焊接
	③适用于长缝的焊接
	④不适合焊接薄板
（2）钨极氩弧焊机特性	①氩气能充分而有效地保护金属熔池不被氧化，焊缝致密，机械性能好
	②明弧焊，观察方便，操作容易
	③穿透性好，内外无熔渣，无飞溅，成形美观，适用于有清洁要求的焊件
	④电弧热集中，热影响区小，焊件变形小
	⑤容易实现机械化和自动化
（3）熔化极气体保护焊机特性	①CO_2气体保护焊生产效率高、成本低、焊接应力变形小、焊接质量高、操作简便。但飞溅较大、弧光辐射强、很难用交流电源焊接、设备复杂。有风不能施焊，不能焊接易氧化的有色金属
	②熔化极氩弧焊的焊丝既作为电极又作为填充金属，焊接电流密度可以提高，热量利用率高，熔深和焊速大大增加，生产率比手工钨极氩弧焊高3倍～5倍，最适合焊接铝、镁、铜及其合金、不锈钢和稀有金属中厚板的焊接
（4）等离子弧焊机特性	具有温度高、能量集中、冲击力较大、比一般电弧稳定、各项有关参数调节范围广的特点

3. 常用焊接方法

分类	具体内容
（1）电弧焊 （以电极与工件之间燃烧的电弧作为热源，是目前应用最广泛的焊接方法）	①焊条电弧焊
	②埋弧焊 其最大优点是焊接速度高，焊缝质量好，特别适合于焊接大型工件的直缝和环缝
	③钨极气体保护焊 a. 其属于不（非）熔化极气体保护电弧焊，是利用钨极与工件之间的电弧使金属熔化而形成焊缝。焊接中钨极不熔化，只起电极作用，是连接薄板金属和打底焊的一种好方法。 b. 其属于不（非）熔化极电弧焊，等离子电弧挺直度好，能量密度大，电弧穿透能力强。生产效率高，焊缝质量好
	④熔化极气体保护电弧焊 其利用连续送进的焊丝与工件之间燃烧的电弧作为热源，利用电焊炬喷嘴喷出的气体来保护电弧进行焊接。其优点是可以方便地进行各种位置焊接，焊接速度快、熔敷率较高
	⑤药芯焊丝电弧焊 其属于熔化极气体保护焊的一种类型
（2）电阻焊	电阻焊是以电阻热为能源的焊接方法，包括以熔渣电阻热为能源的电渣焊和以固体电阻为能源的电阻焊，主要有点焊、缝焊、凸焊及对焊等
（3）钎焊	钎焊是利用熔点比被焊材料的熔点低的金属作钎料，经过加热使钎料熔化，靠毛细管作用将钎料吸入到接头接触面的间隙内，润湿金属表面，使固相与液相之间相互扩散而形成钎焊接头
（4）螺柱焊	螺柱焊是将螺柱一端与板件（或管件）表面接触通电引弧，待接触面熔化后，在螺柱上加一定压力完成焊接的方法
（5）其他焊接方法	电子束焊、激光焊、闪光对焊、超声波焊、摩擦焊、爆炸焊、电渣焊、高频焊、气焊、气压焊、冷压焊、扩散焊等

切割、焊接机械思维导图

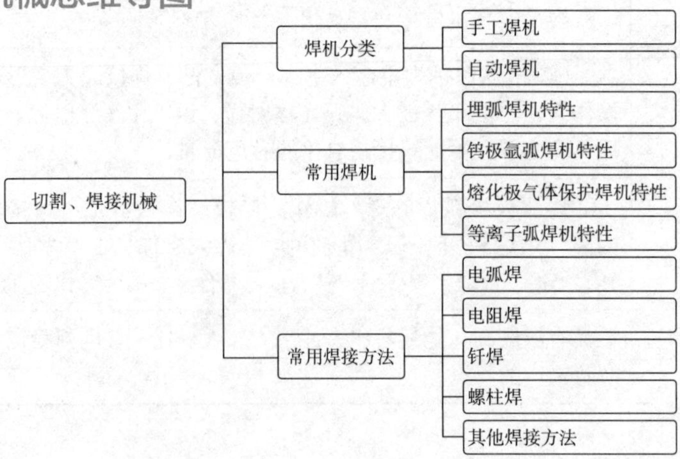

1.4.3 检测仪表

1. 电工测量仪器仪表的分类

分类	具体内容
电工测量指示仪表	（1）按仪表测量机构的结构和工作原理分类，可分为磁电系、电磁系、电动系、感应系、静电系和整流系等
	（2）按使用方式分类，可分为安装式和可携带式等
	（3）按仪表的测量对象分类，可分为电流表、电压表、功率表、相位表、电度表、欧姆表、兆欧表、万用电表等
	（4）按仪表所测的电种类分类，可分为直流、交流、交直流两用仪表
	（5）按仪表外壳的防护性能分类，可分为普通式、防尘式、气密式、防溅式、防水式、水密式和隔爆式等
	（6）按仪表防御外界磁场或电场的性能分类，可分为Ⅰ、Ⅱ、Ⅲ、Ⅳ四个等级
	（7）按仪表准确等级分类，可分为七级。仪表的准确度反映仪表的基本误差范围
较量仪表	如电桥、电位差计等

2. 温度仪表

分类	具体内容
（1）压力式温度计	压力式温度计是利用密封系统中测温物质的压力随温度的变化来测量温度。它由密封测量系统和指示仪两部分组成。按其所充测温物质的相态，分为充气式、充液式和蒸汽式三种。按它的功能可分为指示式、记录式、报警式和温度调节式等类型，它们结构基本相同。 压力式温度计适用于工业场合测量各种对铜无腐蚀作用的介质温度，若介质有腐蚀作用则应选用防腐型。压力式温度计广泛应用于机械、轻纺、化工、制药、食品行业在生产过程中的温度测量和控制。防腐型压力式温度计采用全不锈钢材料，适用于中性腐蚀的液体和气体介质的温度测量
（2）双金属温度计	①双金属温度计的感温元件是由膨胀系数不同的两种金属片牢固地结合在一起而制成。其中一端为固定端，当温度变化时，由于两种材料的膨胀系数不同，而使双金属片的曲率发生变化，自由端的位移，通过传动机构带动指针指示出相应的温度。工业双金属温度计按结构形式分为指示型或指示带电接点型
	②双金属温度计探杆长度可以根据客户需要来定制，该温度计从设计原理及结构上具有防水、防腐蚀、隔爆、耐震动、直观、易读数、无汞害、坚固耐用等特点，可取代其他形式的测量仪表，广泛应用于石油、化工、机械、船舶、发电、纺织、印染等工业和科研部门

续表

分类	具体内容
（3）玻璃液位温度计	①棒式玻璃温度计，由厚壁毛细管构成。温度标尺直接刻在毛细管的外表面上，为满足不同的测温方法，其外形有直角形、135° 角形
	②内标式玻璃温度计，由薄壁毛细管制成。温度标尺另外刻在乳白色玻璃板上，置于毛细管后，外用玻璃外壳罩封，此种结构标尺刻度清晰
	③外标式玻璃温度计，即将玻璃毛细管直接固定在外标尺（铅、铜、木、塑料）板上，这种温度计多用来测量室温。玻璃温度计还可以按其他特殊要求制成带金属保护管的，供在易碰撞的地方与不能裸露挂置的地方使用
（4）热电偶温度计	①热电偶温度计的工作端（亦称热端）可直接插入待测介质中以测量温度，热电偶的自由端（冷端）则与显示仪表相连接，测量热电偶产生的热电势。热电偶的测量范围为液体、蒸汽、气体介质、固体介质以及固体表面温度
	②热电偶温度计分普通型、铠装型和薄膜型等
	③热电偶温度计用于测量各种温度物体，测量范围极大，远远大于酒精、水银温度计。它适用于炼钢炉、炼焦炉等高温地区，也可测量液态氢、液态氮等低温物体
（5）热电阻温度计	①热电阻温度计是一种较为理想的高温测量仪表，由热电阻、连接导线及显示仪表组成。热电阻分为金属热电阻和半导体热敏电阻两类
	②热电阻温度计是中低温区最常用的一种温度检测器。它的主要特点是测量精度高，性能稳定。其中铂热电阻的测量精确度是最高的，它不仅广泛应用于工业测温，而且被制成标准的基准仪
（6）辐射温度计	①辐射温度计的组成有：光学系统、检测元件、测量仪表、辅助装置
	②辐射温度计的测量不干扰被测温场，不影响温场分布，从而具有较高的测量准确度。在理论上无测量上限，可以测到相当高的温度。此外，其探测器的响应时间短，易于快速与动态测量。在一些特定的条件下，例如核子辐射场，辐射测温可以进行准确而可靠地测量
	③辐射测温法不能直接测得被测对象的实际温度。要得到实际温度需要进行材料发射率的修正，处理的难度大。另外，由于是非接触，辐射温度计的测量受到中间介质的影响，特别是在工业现场条件下周围环境比较恶劣，中间介质对测量结果的影响更大

3. 压力检测仪表

分类	具体内容
（1）一般压力表 （一般压力表适用于测量无爆炸危险、不结晶、不凝固及对钢及铜合金不起腐蚀作用的液体、蒸汽和气体等介质的压力）	①液柱式压力计，即一般用水银或水作为工作液，用于测量低压、负压的压力表。其被广泛用于实验室压力测量或现场锅炉烟、风通道各段压力及通风空调系统各段压力的测量。液柱式压力计结构简单，使用、维修方便，但信号不能远传
	②活塞式压力计。其可将被测压力转换成活塞上所加平衡砝码的重力进行测量，例如压力校验台等。活塞式压力计测量精度很高
	③弹性式压力计，即用弹性传感器（又称弹性元件）组成的压力测量仪表。这种仪表构造简单，牢固可靠，测压范围广，使用方便，造价低廉，有足够的精度，可与电测信号配套制成遥测遥控的自动记录仪表与控制仪表
	④电气式压力计。可将被测压力转换成电量进行测量，例如，电容式压力、压差变送器、霍尔压力变送器以及应变式压力变送器等。多用于压力信号的运传、发信或集中控制，和显示、调节、记录仪表联用，则可组成自动控制系统，广泛用于工业自动化和化工过程中
（2）远传压力表	①远传压力表由一个弹簧管压力表和一个滑线电阻传送器构成
	②远传压力表适用于测量对钢及钢合金不起腐蚀作用的液体、蒸汽和气体等介质的压力。因为在电阻远传压力表内部设置了滑线电阻式发送器，故可把被测值以电量传至远离测量点的二次仪表上，以实现集中检测和远距离控制
（3）电接点压力表	①电接点压力表由测量系统、指示系统、磁助电接点装置、外壳、调整装置和接线盒（插头座）等组成
	②电接点压力表广泛应用于石油、化工、冶金、电力、机械等工业部门或在机电设备配套中测量无爆炸危险的各种流体介质压力。仪表经与相应的电气器件（如继电器及变频器等）配套使用，即可对被测（控）压力系统实现自动控制和发信（报警）的目的
（4）隔膜 / 膜片式压力表	①隔膜式压力表由膜片隔离器、连接管口和通用型压力仪表三部分组成，并根据被测介质的要求在其内腔内填充适当的工作液
	②隔膜式压力表专用于在石油、化工、食品等生产过程中测量具有腐蚀性、高黏度、易结晶、含有固体状颗粒、温度较高的液体介质的压力

4. 流量仪表

分类	具体内容
（1）电磁流量计	①电磁流量计是一种测量导电性流体流量的仪表。它是一种无阻流元件，阻力损失极小，流场影响小，精确度高，直管段要求低，而且可以测量含有固体颗粒或纤维的液体，腐蚀性及非腐蚀性液体，这些都是电磁流量计比其他流量仪表所具有的优势。因此，电磁流量计发展很快
	②电磁流量计广泛应用于污水、氟化工、生产用水、自来水行业以及医药、钢铁等诸多方面
（2）涡轮流量计	①涡轮流量计是一种速度式流量计，主要是由涡轮流量变送器和指示计算仪组成，涡轮流量计的传感器可分为普通型和高精度耐磨型两种；放大器可分为普通型和隔爆型两种
	②涡轮流量计具有精度高、重复性好、结构简单、运动部件少、耐高压、测量范围宽、体积小、重量轻、压力损失小、维修方便等优点，用于封闭管道中测量低黏度气体的体积流量。在石油、化工、冶金、城市燃气管网等行业中具有广泛的使用价值
（3）椭圆齿轮流量计	①椭圆齿轮流量计又称排量流量计，是容积式流量计的一种，在流量仪表中是精度较高的一类
	②椭圆齿轮流量计用于精密地连续或间断地测量管道中液体的流量或瞬时流量，它特别适合于重油、聚乙烯醇、树脂等黏度较高介质的流量测量

5. 物位检测仪表

分类	具体内容
（1）测量液位的仪表	玻璃管（板）式、称重式、浮力式（浮筒、浮球、浮标）、静压式（压力式、差压式）、电容式、电阻式、超声波式、放射性式、激光式及微波式等
（2）测量界面的仪表	浮力式、差压式、电极式和超声波式等
（3）测量料位的仪表	重锤探测式、音叉式、超声波式、激光式、放射性式等

检测仪表思维导图

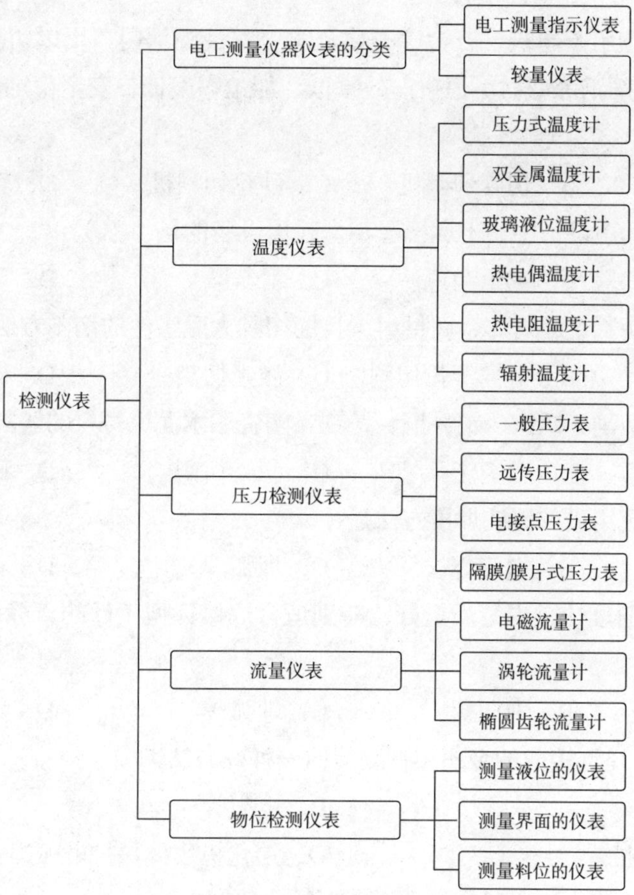

1.4.4 例题

❶【单选】当滑车的轮数超过5个时，跑绳应采用（ ）。

A．反穿　　B．花穿　　C．双抽头穿　　D．顺穿

❷【单选】下列选项中，不同于卷扬机的主要参数的是（ ）。

A．卷筒容绳量　　B．电功率

C．钢丝绳额定静张力　　D．额定牵引拉力

❸【单选】用于测量各种温度物体，测量范围极大，远远大于酒精、水银温度计，适用于炼钢炉、炼焦炉等高温地区，也可测量液态氢、液态氮等低温物体的温度计是（ ）。

A．压力式温度计　　B．双金属温度计

C．热电偶温度计　　D．热电阻温度计

❹【单选】低温区最常用的一种温度检测器是（ ）。

A．压力式温度计　　B．双金属温度计

C．热电偶温度计　　D．热电阻温度计

⑤【单选题】主要用于金属板材切断加工的切割机械是（　）。

A．弓锯床　B．剪板机　C．螺纹钢筋切断机　D．砂轮切割机

⑥【单选题】广泛应用于建筑、五金、石化及水电安装等部门，用以切割金属管、扁钢、工字钢、槽钢、圆钢等型材。但生产效率低、加工精度低，安全稳定性较差的切割机械是（　）。

A．气焊切割机　B．切管切割机　C．砂轮切割机　D．钢锯切割机

⑦【单选题】下列起重设备中，不属于轻小型起重设备的是（　）。

A．千斤顶　B．起重葫芦　C．滑车　D．门式起重机

⑧【单选题】能够切割金属与非金属材料，且能切割大厚工件的切割方法是（　）。

A．氧熔剂切割　B．等离子弧切割　C．激光切割　D．碳弧气割

⑨【单选题】能够切割不锈钢、铝、铜、铸铁、陶瓷和水泥等材料的切割方法为（　）。

A．氧熔剂切割　B．等离子弧切割　C．激光切割　D．碳弧气割

⑩【单选题】目前应用最广泛的焊接方法是（　）。

A．电弧焊　B．电阻焊　C．埋弧焊　D．钎焊

⑪【单选题】焊接速度快，焊缝质量好，特别适合焊接大型工件的直缝和环缝的焊接方法为（　）。

A．焊条电弧焊　B．电阻焊　C．埋弧焊　D．钎焊

⑫【单选题】（　）是连接薄板金属和打底焊的一种好方法。

A．焊条电弧焊　B．电阻焊

C．钨极气体保护焊　D．熔化极气体保护电弧焊

⑬【多选题】实际生产中应用最广的火焰切割是（　）。

A．氧-乙炔火焰切割　B．氧-天然气火焰切割

C．氧-氨火焰切割　D．氧-丙烷火焰切割

⑭【多选题】下列起重设备中，属于桥架型起重机的是（　）。

A．门坐式起重机　B．门式起重机

C．半门式起重机　D．半门坐式起重机

E．门式缆索起重机

⑮【多选题】建筑、安装工程常用的臂架型起重机有（　）。

A．塔式起重机　B．流动式起重机

C．悬臂起重机　D．桅杆起重机

⑯【多选题】激光切割是一种无接触的切割方法，其切割的主要特点有（　）。

A．切割质量好　B．可切割金属与非金属材料

C．适用于各种厚度材料的切割　D．切割时生产效率不高

⑰【多选】下列电工测量仪表中，属于较量仪表的是（　）。

A．电桥　B．电流表　C．电位差计　D．万用表

1.4.5 例题解析

❶【答案】C

【解析】本题考查的知识点是起重滑车中滑车组穿绕跑绳的方法。没有反穿说法，花穿、顺穿都不符合轮数，故选C。

❷【答案】B

【解析】本题考查的知识点是卷扬机的特点。利用排除法，选B。

❸【答案】C

【解析】本题考查的知识点是温度检测仪表—热电偶温度计的特点。

❹【答案】D

【解析】本题考查的知识点是温度检测仪表—热电阻温度计的特点。热电阻温度计是低温区最常用的一种温度检测器，特点是测量精度高，性能稳定。

❺【答案】B

【解析】本题考查的知识点是机械切割各分类的特点。剪板机借助上下刀片来切割，主要用于金属板材的切割，故选B。

❻【答案】C

【解析】本题考查的知识点是砂轮切割机的特点。气焊不属于机械切割，属于气焊切割，故排除A；剪板机、工具床、螺纹钢筋切断机、砂轮机属于机械切割，其中砂轮机较危险，故选择C。

❼【答案】D

【解析】本题考查的知识点是轻小型起重设备的特点。

❽【答案】B

【解析】本题考查的知识点是常用切割方法中各分类的特点。氧熔剂属于火焰切割中的一种；碳弧气割是用碳极电弧的高温把金属局部加温到融化的状态；激光切割虽然可以切割金属与非金属，但只适用于中小厚的工件；故选B。

❾【答案】B

【解析】本题考查的知识点是常用切割方法中各分类的特点。不锈钢、铝、铜、铸铁为金属，陶瓷和水泥为非金属，即能切割金属和非金属是等离子弧切割，故选B。

❿【答案】A

【解析】本题考查的知识点是各焊接方法的特点。

⓫【答案】C

【解析】本题考查的知识点是埋弧焊。埋弧焊适用于大型工件的直缝和环缝的焊接，故选C。

⓬【答案】C

【解析】本题考查的知识点是各焊接方法的特点。连接薄板金属和打底焊的焊接技术好，故排除AB。熔化极气体保护电弧焊为输送焊丝，焊丝融化后与焊缝连接；钨极气体保护焊利用电极产生电弧进行焊接，其为连接薄板金属和打底焊的一种好方法，故选择C。

⑬【答案】AD

【解析】本题考查的知识点是各类火焰切割的特点。

⑭【答案】BC

【解析】本题考查的知识点是桥架型起重机的分类。门坐式起重机为臂架型，故排除AD；缆索起重机为缆索型，故排除E；故选择BC。

⑮【答案】ABD

【解析】本题考查的知识点是臂架型起重机的分类。建筑、安装工程常用的臂架型起重机有塔式、流动式、桅杆起重机。

⑯【答案】AB

【解析】本题考查的知识点是激光切割。题目问特点多半可直接选优点，故排除D，另外激光切割适用于中小厚的工件，故排除D，选择AB。

⑰【答案】AC

【解析】本题考查的知识点是电工测量仪器仪表中较量仪表的分类。电工测量仪表的分类为指示表和较量仪表，较量仪表包括电桥和电位差计。

第五节　施工组织设计的编制原理、内容及方法

1.5.1　施工组织设计概念、作用与分类

1. 施工组织设计概念及作用

概念	作用
施工组织设计是以施工项目为对象编制的，用以指导施工的技术、经济和管理的综合文件。它体现了实现基本建设计划和设计的要求，提供了各阶段的施工准备工作内容，用以协调施工过程中各施工单位、各施工工种、各项资源之间的相互关系	①体现基本建设计划和设计的要求，衡量和评价设计方案进行施工的可行性和经济合理性
	②把施工过程中各单位、各部门、各阶段以及各施工对象之间的关系更好、更密切、更具体地协调起来
	③根据施工的各种具体条件，制订拟建工程的施工方案，确定施工顺序、施工方法、劳动组织和技术组织措施
	④确定施工进度，保证拟建工程按照预定工期完成，并在开工前了解所需材料、机具和人力的数量及需要的先后顺序
	⑤合理安排和布置临时设施、材料堆放及各种施工机械在现场的具体位置
	⑥事先预计到施工过程中可能会产生的各种情况，从而做好准备工作和拟定采取的相应防范措施

2. 施工组织设计的分类

分类	具体说明
①施工组织总设计	施工组织总设计是以整个建设工程项目为对象［如一个工厂、一个机场、一个道路工程（包括桥梁）、一个居住小区等］编制的。它是对整个建设工程项目施工的战略部署，是指导全局性施工的技术和经济纲要
②单位工程施工组织设计	单位工程施工组织设计是以单位工程为对象编制的，在施工组织总设计的指导下，由直接组织施工的单位根据施工图设计进行编制，用以直接指导单位工程的施工活动，是施工单位编制分部（分项）工程施工组织设计和季、月、旬施工计划的依据
③分部（分项）工程施工组织设计	分部（分项）工程施工组织设计是以分部分项工程为编制对象，具体实施施工全过程的各项施工活动的综合性文件。

1.5.2 施工组织设计的编制原则

内容	编制原则
施工组织设计的编制原则	①严格遵守国家政策和施工合同规定的工程竣工和交付使用期限
	②严格执行施工程序，合理安排施工顺序
	③用流水施工原理和网络计划技术统筹安排施工进度
	④组织好季节性施工项目
	⑤因地制宜地促进技术创新和发展建筑工业化
	⑥贯彻勤俭节约的方针，从实际出发，做好人力、物力的综合平衡、组织均衡生产
	⑦尽量利用正式工程、原有待拆的设施作为工程施工时的临时设施
	⑧土建施工与设备安装应密切配合
	⑨施工方案应作技术经济比较
	⑩确保施工质量和施工安全

1.5.3 施工组织总设计

施工组织总设计	
1. 概念	施工组织总设计是以若干单位工程组成的群体工程或特大型项目为主要对象编制的施工组织设计，对整个项目的施工过程起统筹规划、重点控制的作用
2. 编制依据	（1）计划文件
	（2）设计文件

续表

施工组织总设计	
2. 编制依据	（3）合同文件
	（4）建设地区基础资料
	（5）有关的标准、规范和法律
	（6）类似建设工程项目的资料和经验
3. 编制程序	（1）收集和熟悉编制施工组织总设计所需的有关资料和图纸，进行项目特点和施工条件的调查研究
	（2）计算主要工种工程的工程量
	（3）确定施工的总体部署
	（4）拟订施工方案
	（5）编制施工总进度计划
	（6）编制资源需求量计划
	（7）编制施工准备工作计划
	（8）施工总平面图设计
	（9）计算主要技术经济指标
	以上顺序中有些顺序不可逆转，如： ①拟订施工方案后才可编制施工总进度计划（因为进度的安排取决于施工方案）； ②编制施工总进度计划后才可编制资源需求量计划（因为资源需求量计划要反映各种资源在时间上的需求）。 但是在以上顺序中也有些顺序应该根据具体项目而定，如确定施工的总体部署和拟订施工方案，两者有紧密的联系，往往可以交叉进行
4. 施工组织总设计的内容	（1）建设项目的工程概况
	（2）施工部署及其核心工程的施工方案
	（3）全场性施工准备工作计划
	（4）施工总进度计划
	（5）各项资源需求量计划
	（6）全场性施工总平面图设计
	（7）主要技术经济指标（项目施工工期、劳动生产率、项目施工质量、项目施工成本、项目施工安全、机械化程度、预制化程度、暂设工程等）

续表

<table>
<tr><th colspan="3">施工组织总设计</th></tr>
<tr><td rowspan="13">5. 工程概况</td><td rowspan="6">（1）项目主要情况</td><td>①项目名称、性质、地理位置和建设规模</td></tr>
<tr><td>②项目的建设、勘察、设计和监理等相关单位的情况</td></tr>
<tr><td>③项目设计概况</td></tr>
<tr><td>④项目承包范围及主要分包工程范围</td></tr>
<tr><td>⑤施工合同或招标文件对项目施工的重点要求</td></tr>
<tr><td>⑥其他应说明的情况</td></tr>
<tr><td rowspan="7">（2）主要施工条件</td><td>①项目建设地点的气象状况</td></tr>
<tr><td>②项目施工区域地形和工程水文地质状况</td></tr>
<tr><td>③项目施工区域地上、地下管线及相邻的地上、地下建（构）筑物情况</td></tr>
<tr><td>④与项目施工有关的道路、河流等状况</td></tr>
<tr><td>⑤当地建筑材料、设备供应和交通运输等服务能力状况</td></tr>
<tr><td>⑥当地供电、供水、供热和通信能力状况</td></tr>
<tr><td>⑦其他与施工有关的主要因素</td></tr>
<tr><td rowspan="7">6. 总体施工部署</td><td rowspan="3">（1）施工组织总设计应对项目总体施工做出下列宏观部署</td><td>①确定项目施工总目标，包括进度、质量、安全、环境和成本等目标</td></tr>
<tr><td>②根据项目施工总目标的要求，确定项目分阶段（期）交付的计划</td></tr>
<tr><td>③确定项目分阶段（期）施工的合理顺序及空间组织</td></tr>
<tr><td colspan="2">（2）对于项目施工的重点和难点应进行简要分析</td></tr>
<tr><td colspan="2">（3）总承包单位应明确项目管理组织机构形式，并宜采用框图的形式表示</td></tr>
<tr><td colspan="2">（4）对于项目施工中开发和使用的新技术，新工艺应做出部署</td></tr>
<tr><td colspan="2">（5）对主要分包项目施工单位的资质和能力应提出明确要求</td></tr>
<tr><td rowspan="2">7. 施工总进度计划</td><td colspan="2">（1）施工总进度计划应按照项目总体施工部署的安排进行编制</td></tr>
<tr><td colspan="2">（2）施工总进度计划可采用网络图或横道图表示，并附必要说明</td></tr>
<tr><td rowspan="7">8. 总体施工准备与主要资源配置计划</td><td colspan="2">（1）总体施工准备应包括技术准备、现场准备和资金准备等</td></tr>
<tr><td colspan="2">（2）技术准备、现场准备和资金准备应满足项目分阶段（期）施工的需要</td></tr>
<tr><td colspan="2">（3）主要资源配置计划应包括劳动力配置计划和物资配置计划等</td></tr>
<tr><td rowspan="2">（4）劳动力配置计划</td><td>①确定各施工阶段（期）的总用工量</td></tr>
<tr><td>②根据施工总进度计划确定各施工阶段（期）的劳动力配置计划</td></tr>
<tr><td rowspan="2">（5）物资配置计划</td><td>①根据施工总进度计划确定主要工程材料和设备的配置计划</td></tr>
<tr><td>②根据总体施工部署和施工总进度计划确定主要施工周转材料和施工机具的配置计划</td></tr>
</table>

续表

施工组织总设计		
9．主要施工方法	（1）施工组织总设计应对项目涉及的单位（子单位）工程和主要分部（分项）工程所采用的施工方法进行简要说明	
	（2）对脚手架工程、起重吊装工程、临时用水用电工程、季节性施工等专项工程所采用的施工方法应进行简要说明	
10．施工总平面布置	（1）施工总平面布置应符合下列原则	①平面布置科学合理，施工场地占用面积少
		②合理组织运输，减少二次搬运
		③施工区域的划分和场地的临时占用应符合总体施工部署和施工流程的要求，减少相互干扰
		④充分利用既有建（构）筑物和既有设施为项目施工服务，降低临时设施的建造费用
		⑤临时设施应方便生产和生活，办公区、生活区和生产区宜分离设置
		⑥符合节能、环保、安全和消防等要求
		⑦遵守当地主管部门和建设单位关于施工现场安全文明施工的相关规定
	（2）施工总平面布置图应符合下列要求	①根据项目总体施工部署，绘制现场不同施工阶段（期）的总平面布置图
		②施工总平面布置图的绘制应符合国家相关标准要求，并附必要说明
	（3）施工总平面布置图应包括下列内容	①项目施工用地范围内的地形状况
		②全部拟建的建（构）筑物和其他基础设施的位置
		③项目施工用地范围内的加工设施、运输设施、存贮设施、供电设施、供水供热设施、排水排污设施、临时施工道路和办公、生活用房等
		④施工现场必备的安全、消防、保卫和环境保护等设施
		⑤相邻的地上、地下既有建（构）筑物及相关环境

1.5.4 单位工程施工组织设计

单位工程施工组织设计		
1. 概念	单位工程施工组织设计是以单位（子单位）工程为主要对象编制的施工组织设计，对单位（子单位）工程的施工过程起指导和制约作用	
2. 编制依据	（1）与工程建设有关的法律、法规和文件	
	（2）国家现行有关标准和技术经济指标	
	（3）工程所在地区行政主管部门的批准文件，建设单位对施工的要求	
	（4）工程施工合同或招标投标文件	
	（5）工程设计文件	
	（6）工程施工范围内的现场条件，工程地质及水文地质、气象等自然条件	
	（7）与工程有关的资源供应情况	
	（8）施工企业的生产能力、机具设备状况、技术水平等	
3. 编制程序	单位工程施工组织设计的编制程序同施工组织总设计的编制程序	
4. 主要内容	（1）工程概况及施工特点分析	
	（2）施工方案的选择	
	（3）单位工程施工准备工作计划	
	（4）单位工程施工进度计划	
	（5）各项资源需求量计划	
	（6）单位工程施工总平面图设计	
	（7）技术组织措施、质量保证措施和安全施工措施	
	（8）主要技术经济指标	
5. 工程概况	（1）工程主要情况	①工程名称、性质和地理位置
		②工程的建设、勘察、设计、监理和总承包等相关单位的情况
		③工程承包范围和分包工程范围
		④施工合同、招标文件或总承包单位对工程施工的重点要求
		⑤其他应说明的情况

续表

单位工程施工组织设计		
5. 工程概况	（2）各专业设计简介	①建筑设计简介应依据建设单位提供的建筑设计文件进行描述，包括建筑规模、建筑功能、建筑特点、建筑耐火、防水及节能要求等，并应简单描述工程的主要做法
		②结构设计简介应依据建设单位提供的结构设计文件进行描述，包括结构形式、地基基础形式、结构安全等级、抗震设防类别、主要结构构件类型及要求等
		③机电及设备安装专业设计简介应依据建设单位提供的各相关专业设计文件进行描述，包括给水、排水及采暖系统、通风与空调系统、电气系统、智能化系统、电梯等各个专业系统的做法要求
	（3）工程施工条件应参照5.3的5.（2）所列主要内容进行说明	
6. 施工部署	（1）工程施工目标应根据施工合同、招标文件以及本单位对工程管理目标的要求确定，包括进度、质量、安全、环境和成本等目标。各项目标应满足施工组织总设计中确定的总体目标	
	（2）施工部署中的进度安排和空间组织应符合下列规定	①工程主要施工内容及其进度安排应明确说明，施工顺序应符合工序逻辑关系
		②施工流水段应结合工程具体情况分阶段进行划分；单位工程施工阶段的划分一般包括地基基础、主体结构、装饰装修和机电设备安装三个阶段
	（3）对于工程施工的重点和难点应进行分析，包括组织管理和施工技术两个方面	
	（4）工程管理的组织机构形式应按照5.3的6.（3）规定执行，并确定项目经理部的工作岗位设置及其职责划分	
	（5）对于工程施工中开发和使用的新技术、新工艺应做出部署，对新材料和新设备的使用应提出技术及管理要求	
	（6）对主要分包工程施工单位的选择要求及管理方式应进行简要说明	
7. 施工进度计划	（1）单位工程施工进度计划应按照施工部署的安排进行编制	
	（2）施工进度计划可采用网络图或横道图表示，并附必要说明；对于工程规模较大或较复杂的工程，宜采用网络图表示	

<table>
<tr><th colspan="4">单位工程施工组织设计</th></tr>
<tr><td rowspan="9">8. 施工准备与资源配置计划</td><td rowspan="5">（1）施工准备应包括技术准备、现场准备和资金准备等</td><td rowspan="3">①技术准备应包括施工所需技术资料的准备、施工方案编制计划、试验检验及设备调试工作计划、样板制作计划等</td><td>a. 主要分部（分项）工程和专项工程在施工前应单独编制施工方案，施工方案可根据工程进展情况，分阶段编制完成；对需要编制的主要施工方案应制定编制计划</td></tr>
<tr><td>b. 试验检验及设备调试工作计划应根据现行规范、标准中的有关要求及工程规模、进度等实际情况制定</td></tr>
<tr><td>c. 样板制作计划应根据施工合同或招标文件的要求并结合工程特点制定</td></tr>
<tr><td colspan="2">②现场准备应根据现场施工条件和工程实际需要，准备现场生产、生活等临时设施</td></tr>
<tr><td colspan="2">③资金准备应根据施工进度计划编制资金使用计划</td></tr>
<tr><td rowspan="4">（2）资源配置计划应包括劳动力配置计划和物资配置计划等</td><td rowspan="2">①劳动力配置计划</td><td>a. 确定各施工阶段用工量</td></tr>
<tr><td>b. 根据施工进度计划确定各施工阶段劳动力配置计划</td></tr>
<tr><td rowspan="2">②物资配置计划</td><td>a. 主要工程材料和设备的配置计划应根据施工进度计划确定，包括各施工阶段所需主要工程材料、设备的种类和数量</td></tr>
<tr><td>b. 工程施工主要周转材料和施工机具的配置计划应根据施工部署和施工进度计划确定，包括各施工阶段所需主要周转材料、施工机具的种类和数量</td></tr>
<tr><td rowspan="2">9. 主要施工方案</td><td colspan="3">（1）单位工程应按照现行《建筑工程施工质量验收统一标准》GB 50300—2013中分部、分项工程的划分原则，对主要分部、分项工程制定施工方案</td></tr>
<tr><td colspan="3">（2）对脚手架工程、起重吊装工程、临时用水用电工程、季节性施工等专项工程所采用的施工方案应进行必要的验算和说明</td></tr>
<tr><td rowspan="7">10. 施工现场平面布置</td><td colspan="3">（1）施工现场平面布置图应参照5.3的10.（1）和10.（2）的规定，并结合施工组织总设计，按不同施工阶段分别绘制</td></tr>
<tr><td rowspan="6">（2）施工现场平面布置图内容</td><td colspan="2">①工程施工场地状况</td></tr>
<tr><td colspan="2">②拟建（构）筑物的位置、轮廓尺寸、层数等</td></tr>
<tr><td colspan="2">③工程施工现场的加工设施、存贮设施、办公和生活用房等的位置和面积</td></tr>
<tr><td colspan="2">④布置在工程施工现场的垂直运输设施、供电设施、供水供热设施、排水排污设施和临时施工道路等</td></tr>
<tr><td colspan="2">⑤施工现场必备的安全、消防、保卫和环境保护等设施</td></tr>
<tr><td colspan="2">⑥相邻的地上、地下既有建（构）筑物及相关环境</td></tr>
</table>

续表

单位工程施工组织设计		
11. 单位工程施工组织设计的管理	（1）编制、审批和交底	①单位工程施工组织设计编制与审批：单位工程施工组织设计由项目负责人主持编制，项目经理部全体管理人员参加，施工单位主管部门审核，施工单位技术负责人或其授权的技术人员审批
		②单位工程施工组织设计经上级承包单位技术负责人或其授权人审批后，应在工程开工前由施工单位项目负责人组织，对项目部全体管理人员及主要分包单位进行交底并做好交底记录
	（2）群体工程	群体工程应编制施工组织总设计，并及时编制单位工程施工组织设计
	（3）过程检查与验收	①单位工程的施工组织设计在实施过程中应进行检查。过程检查可按照工程施工阶段进行。通常划分为地基基础、主体结构、装饰装修三个阶段
		②过程检查由企业技术负责人或相关部门负责人主持，企业相关部门、项目经理部相关部门参加，检查施工部署、施工方法的落实和执行情况，如对工期、质量、效益有较大影响的应及时调整，并提出修改意见
	（4）修改与补充	单位工程施工过程中，当其施工条件、总体施工部署、重大设计变更或主要施工方法发生变化时，项目负责人或项目技术负责人应组织相关人员对单位工程施工组织设计进行修改和补充，报送原审核人审核，原审批人审批后形成《施工组织设计修改记录表》，并进行相关交底
	（5）发放与归档	单位工程施工组织设计审批后加盖公章，由项目资料员报送及发放并登记记录，报送监理方及建设方，发放企业主管部门、项目相关部门、主要分包单位。工程竣工后，项目经理部应按照国家、地方有关工程竣工资料编制的要求，将《单位工程施工组织设计》整理归档
	（6）施工组织设计的动态管理（项目施工过程中，如发生以下情况之一时，施工组织设计应及时进行修改或补充）	①工程设计有重大修改
		②有关法律、法规、规范和标准实施、修订和废止
		③主要施工方法有重大调整
		④主要施工资源配置有重大调整
		⑤施工环境有重大改变
		注：经修改或补充的施工组织设计应重新审批后才能实施

1.5.5 安装工程施工组织设计的内容及方法

<table>
<tr><th colspan="3">安装工程施工组织设计的内容及方法</th></tr>
<tr><td colspan="3">1. 编制依据</td></tr>
<tr><td rowspan="2">2. 工程概况</td><td colspan="2">（1）工程简介</td></tr>
<tr><td colspan="2">（2）工程特点</td></tr>
<tr><td rowspan="8">3. 施工布置</td><td colspan="2">（1）施工布置原则</td></tr>
<tr><td colspan="2">（2）施工准备</td></tr>
<tr><td colspan="2">（3）施工组织</td></tr>
<tr><td rowspan="2">（4）施工配合</td><td>①安装与土建的配合</td></tr>
<tr><td>②安装与建设单位的配合</td></tr>
<tr><td colspan="2">（5）施工进度计划</td></tr>
<tr><td colspan="2">（6）施工进度计划管理</td></tr>
<tr><td colspan="2">（7）施工机械</td></tr>
<tr><td colspan="3">4. 施工技术措施</td></tr>
<tr><td rowspan="8">5. 质量保证措施</td><td colspan="2">（1）思想保证</td></tr>
<tr><td colspan="2">（2）现场质量管理体系</td></tr>
<tr><td colspan="2">（3）措施保证</td></tr>
<tr><td rowspan="5">（4）创优计划质量管理措施</td><td>①生产管理措施</td></tr>
<tr><td>②质量例会</td></tr>
<tr><td>③质量管理措施</td></tr>
<tr><td>④奖罚措施</td></tr>
<tr><td>⑤培训措施</td></tr>
<tr><td colspan="3">6. 设备及安装成品保护措施</td></tr>
<tr><td colspan="3">7. 消防保卫措施</td></tr>
<tr><td colspan="3">8. 安全技术措施</td></tr>
<tr><td colspan="3">9. 保卫措施</td></tr>
<tr><td colspan="3">10. 降低成本技术措施</td></tr>
<tr><td colspan="3">11. 现场材料供应和管理措施</td></tr>
<tr><td colspan="3">12. 冬雨期施工措施</td></tr>
</table>

1.5.6 思维导图

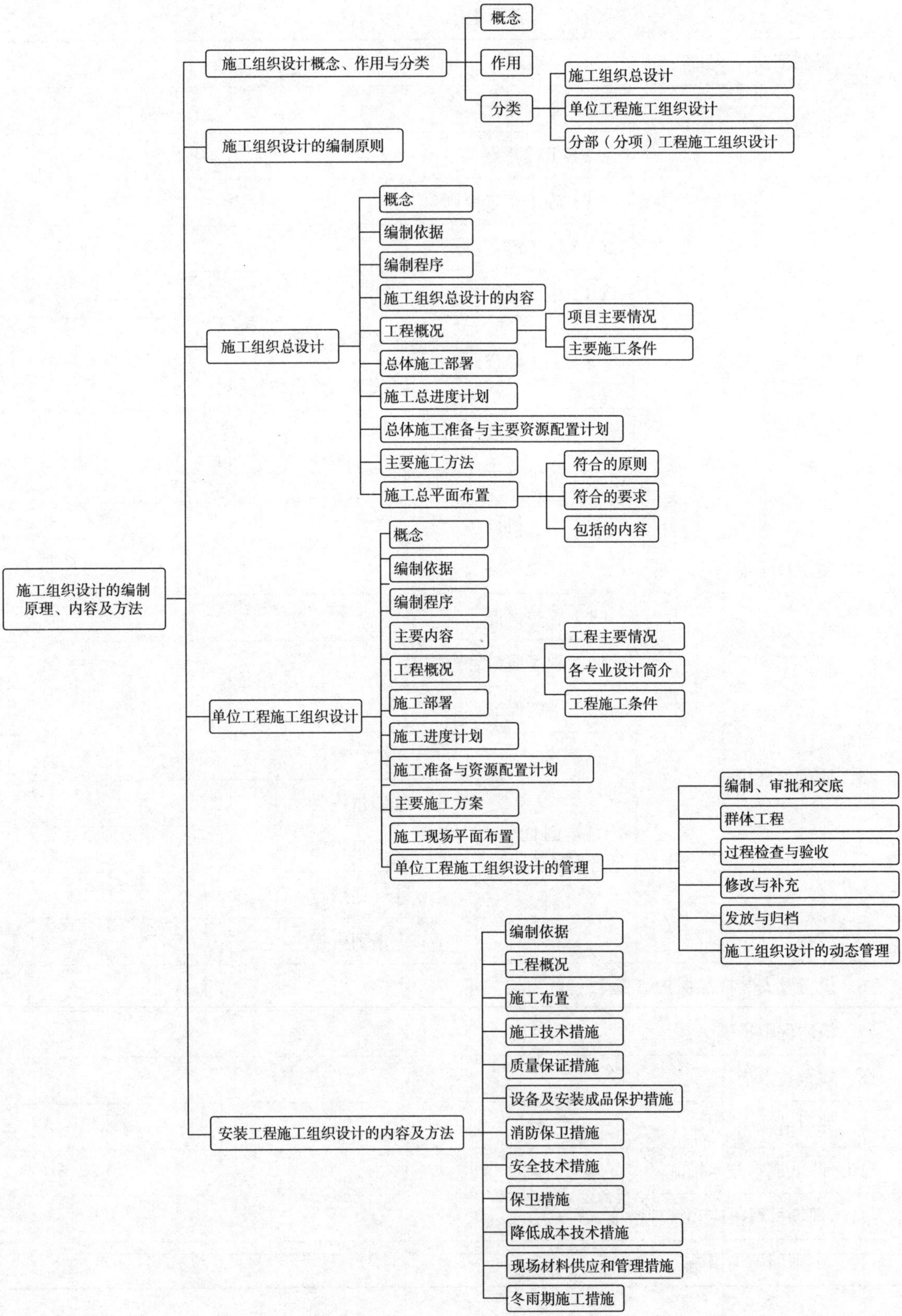
施工组织设计的编制原理、内容及方法
施工组织设计概念、作用与分类
概念
作用
分类
施工组织总设计
单位工程施工组织设计
分部（分项）工程施工组织设计
施工组织设计的编制原则
施工组织总设计
概念
编制依据
编制程序
施工组织总设计的内容
工程概况
项目主要情况
主要施工条件
总体施工部署
施工总进度计划
总体施工准备与主要资源配置计划
主要施工方法
施工总平面布置
符合的原则
符合的要求
包括的内容
单位工程施工组织设计
概念
编制依据
编制程序
主要内容
工程概况
工程主要情况
各专业设计简介
工程施工条件
施工部署
施工进度计划
施工准备与资源配置计划
主要施工方案
施工现场平面布置
单位工程施工组织设计的管理
编制、审批和交底
群体工程
过程检查与验收
修改与补充
发放与归档
施工组织设计的动态管理
安装工程施工组织设计的内容及方法
编制依据
工程概况
施工布置
施工技术措施
质量保证措施
设备及安装成品保护措施
消防保卫措施
安全技术措施
保卫措施
降低成本技术措施
现场材料供应和管理措施
冬雨期施工措施

1.5.7 例题

❶【单选】**以若干个单位程组成的群体工程或特大型项目为对象编制的施工组织设计是（ ）。**

A．施工组织总设计　　B．单位工程施工组织设计

C．分部分项施工组织设计　　D．专项施工方案

❷【单选】**施工组织总设计应由（ ）审批后，向监理报批（ ）。**

A．总承包单位技术负责人　　B．施工单位技术负责人

C．监理单位技术负责人　　D．施工单位项目经理

❸【单选】**下列选项中，不属于施工方案的交底内容的是（ ）。**

A．施工工序和顺序　　B．施工工艺

C．施工总平面布置图　　D．质量控制

❹【单选】**下列项中，不属于施工组织设计技术经济分析的是（ ）。**

A．施工方案技术经济分析　　B．施工进度分析

C．施工平面图分析　　D．施工安全分析

1.5.8 例题解析

❶**【答案】**A

【解析】本题考查的知识点是施工组织总设计的定义。

❷**【答案】**A

【解析】本题考查的知识点是施工组织设计的审核及批准。设计审核审批实行分级制度，施工组织总设计应用总承包单位审批后向监理单位报批。

❸**【答案】**C

【解析】本题考查的知识点是施工方案交底的内容。

❹**【答案】**D

【解析】本题考查的知识点是施工组织设计技术经济分析的内容。施工组织设计技术经济分析步骤里不包含施工安全分析。

第六节　安装工程相关规范的基本内容

1.6.1　安装工程施工及验收规范

安装工程施工及验收规范	
1.《建筑电气工程施工质量验收规范》GB 50303-2015	
2.《建筑物防雷工程施工与质量验收规范》GB 50601-2010	
3.《给水排水管道工程施工及验收规范》GB 50268-2008	
4.《通风与空调工程施工质量验收规范》GB 50243-2016	
5.《建筑工程施工质量验收统一标准》GB 50300-2013	
6. 建筑安装工程质量验收依据	（1）《建筑给水排水及采暖工程施工质量验收规范》GB 50242-2002
	（2）《通风与空调工程施工质量验收规范》GB 50243-2016
	（3）《建筑电气工程施工质量验收规范》GB 50303-2015
	（4）《智能建筑工程质量验收规范》GB 50339-2013
	（5）《安全防范工程技术标准》GB 50348-2018
	（6）《电梯工程施工质量验收规范》GB 50310-2002
	（7）《火灾自动报警系统施工及验收标准》GB 50166-2019

1.6.2　安装工程计量与计价规范

1.《建设工程工程量清单计价规范》GB 50500-2013

《建设工程工程量清单计价规范》GB 50500-2013	
主要内容	本规范于2013年颁布，主要内容有：总则、术语、一般规定、工程量清单编制、招标控制价、投标报价、合同价款约定、工程计量、合同价款调整等共16章及附录A-附录L
适用阶段	本规范适用于建设工程发承包及实施阶段的计价活动
组成部分	建设工程发承包及实施阶段的工程造价应由分部分项工程费、措施项目费、其他项目费、规费和税金组成
适用范围	使用国有资金投资的建设工程发承包，必须采用工程量清单计价。非国有资金投资的建设工程，宜采用工程量清单计价
计价方式及相关规定	工程量清单应采用综合单价计价； 措施项目中的安全文明施工费必须按国家或省级、行业建设主管部门的规定计算，不得作为竞争性费用。 规费和税金必须按国家或省级、行业建设主管部门的规定计算，不得作为竞争性费用

续表

《建设工程工程量清单计价规范》GB 50500-2013	
责任划分	招标工程量清单必须作为招标文件的组成部分，其准确性和完整性应由招标人负责
五要素	分部分项工程项目清单必须载明项目编码、项目名称、项目特征、计量单位和工程量

2.《通用安装工程工程量计算规范》GB 50856-2013

（1）《通用安装工程工程量计算规范》GB 50856-2013简称《安装工程计算规范》包括正文和附录两大部分，二者具有同等效力。

《通用安装工程工程量计算规范》GB 50856-2013	
正文	总则
	术语
	工程计量
	工程量清单编制
附录	附录A机械设备安装工程（编码：0301）
	附录B热力设备安装工程（编码：0302）
	附录C静置设备与工艺金属结构制作安装工程（编码：0303）
	附录D电气设备安装工程（编码：0304）
	附录E建筑智能化工程（编码：0305）
	附录F自动化控制仪表安装工程（编码：0306）
	附录G通风空调工程（编码：0307）
	附录H工业管道工程（编码：0308）
	附录J消防工程（编码：0309）
	附录K给水排水、采暖、燃气工程（编码：0310）
	附录L通信设备及线路工程（编码：0311）
	附录M刷油、防腐蚀、绝热工程（编码：0312）
	附录N措施项目（编码：0313）
背诵口诀	机热静，电能表，风业消，给信刷，措施

（2）本规范与现行国家标准《市政工程工程量计算规范》GB 50857-2013相关内容在执行上的划分界线如下：

《通用安装工程工程量计算规范》GB 50856-2013	
①本规范电气设备安装工程与市政工程路灯工程的界定	a. 厂区、住宅小区的道路路灯安装工程，庭院艺术喷泉等电气设备安装工程按通用安装工程“电气设备安装工程”相应项目执行
	b. 涉及市政道路、市政庭院等电气安装工程的项目，按市政工程中“路灯工程”的相应项目执行
②本规范工业管道与市政工程管网工程的界定	a. 给水管道以厂区入口水表井为界
	b. 排水管道以厂区围墙外第一个污水井为界
	c. 热力和燃气以厂区入口第一个计量表（阀门）为界
③本规范给水排水、采暖、燃气工程与市政工程管网工程的界定	a. 室外给水排水、采暖、燃气管道以市政管道碰头井为界
	b. 厂区、住宅小区的庭院喷灌及喷泉水设备安装按本规范相应项目执行
	c. 公共庭院喷灌及喷泉水设备安装按国家标准《市政工程工程量计算规范》GB 50857-2013管网工程的相应项目执行

（3）本规范涉及管沟、坑及井类的土方开挖、垫层、基础、砌筑、抹灰、地沟盖板预制安装、回填、运输、路面开挖及修复、管道支墩的项目，按现行国家标准《房屋建筑与装饰工程工程量计算规范》GB 50854-2013和《市政工程工程量计算规范》GB 50857-2013的相应项目执行。

1.6.3 思维导图

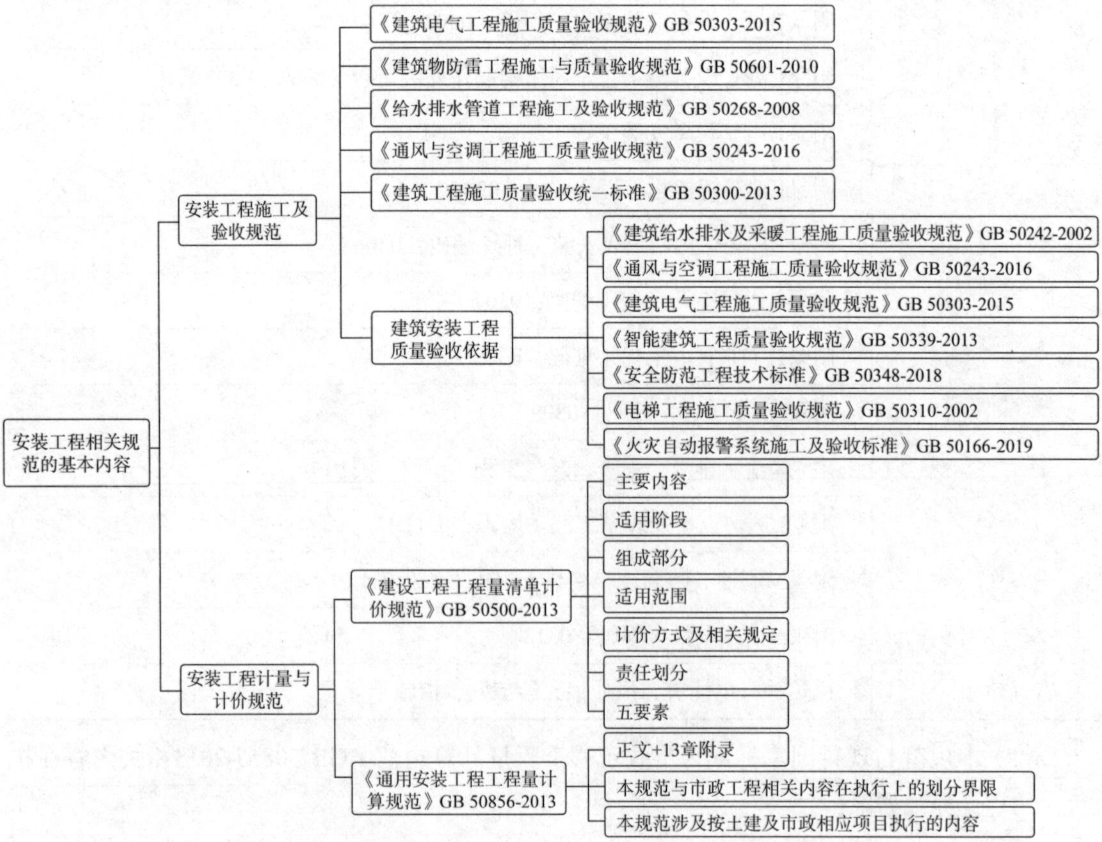

1.6.4 例题

❶【单选】**依据《通用安装工程工程量计算规范》GB 50856-2013的规定，“给排水、采暖、燃气工程”的编码为（　）。**

A．0311　　B．0310　　C．0312　　D．0313

❷【单选】**依据《通用安装工程工程量计算规范》GB 50856-2013的规定，编码0312是（　）。**

A．通风空调工程　　B．工业管道工程

C．刷油、防腐蚀、绝热工程　　D．电气设备安装工程

❸【单选】**依据《通用安装工程工程量计算规范》GB 50856-2013，项目安装高度若超过基本高度时，应在“项目特征”中描述。对于附录通风空调工程，其基本安装高度为（　）。**

A．3.6　　B．6　　C．5　　D．10

❹【单选】**刷油、防腐、绝热工程的基本安装高度为（　）。**

A．6m　　B．10m　　C．3.6m　　D．5m

❺【单选】**给排水、采暖、燃气工程的基本安装高度为（　）。**

A．10m　　B．6m　　C．3.6m　　D．5m

❻【单选】**依据《通用安装工程工程量计算规范》GB 50856-2013，室外给水管道与市政管道界限划分应为（　）。**

A．以项目区入口水表井为界　　B．以项目区围墙外1.5m为界

C．以项目区围墙外第一个阀门为界　　D．以市政管道井为界

❼【单选】**招标工程量清单必须作为招标文件的组成分，其准确性和完整性由（ ）负责。**

A．招标人　　B．投标人　　C．工程造价咨询人　　D．招标代理人

❽【单选】**清单项目编码以（　）编码设置，用（　）位阿拉伯数字表示。**

A．四级；9　　B．五级；9　　C．四级；12　　D．五级；12

❾【单选】**清单项目编码结构中，第二级是（　）。**

A．分项中项目名称题序码　　B．分类顺序码

C．专业工程编码　　D．分部工程编码

❿【单选】**下列关于补充项目的说法中，不正确的是（　）。**

A．同一招标程的项目可以重码

B．应从03B001起顺序编制

C．补充的程量清单中需附有补充目的名称、项目特征、计量单位、工程量计算规则、工程内容

D．由03与B和三位阿拉伯数字组成

⓫【单选】**下列关于项目特征描述的重要意义的说法中不正确的是（　）。**

A．项目特征是编制综合单价的前提　　B．项目特征是履行合同义务的基础

C．项目特征是施工图设计的依据　　　　D．项目特征是区分清单项目的依据

⑫【单选】《通用安装工程工程量计算规范》GB 50856-2013附录中规定，以kg为计量单位，应保留（　）位小数。

A．2　　B．1　　C．0　　D．3

⑬【单选】下列关于总价措施项目的说法中，不正确的（　）。

A．总价措施项目费，以“项”为计量单位进行编制

B．安全文明施工费的“计算基础”可为定额人工费+定额施工机具使用费

C．按施工方案计算的措施费，若无“计算基础”和“费率”的数值，也可只填“金额，但必须在备注栏说明施工方案具体计算过程

D．安全文明施工费的“计算基础”可为定额人工费+定额施工机具使用费

⑭【多选】根据《通用安装工程工程量计量规范》GB 50856-2013的规定，清单项目的五要素有（　）。

A．项目名称　　B．项目特征　　C．量单位　　D．工程量计量规则

⑮【多选】依据《通用安装工程工程量计算规范》GB 50856-2013，下列项目中属于安全文明施工及其他措施项目的有（　）。

A．高浓度氧气防护　　B．高层施工增加

C．已完工程及设备保护　　D．有害化合物防护

⑯【多选】以下属于专业措施项目的有（　）。

A．电缆试验　　B．行车梁加固

C．顶升装置拆除安装　　D．地震防护

⑰【多选】当拟建工程在（　）地区进行施工时，措施项目清单可列项“特殊地区施工增加”。

A．高寒　　B．高原　　C．有害气体散发　　D．地震多发

⑱【多选】其他项目费中，可以由投标人自主报价的有（　）。

A．暂估价　　B．计日工　　C．总包服务费　　D．暂列金额

⑲【多选】下列选项中，属于不可竞争费用的是（　）。

A．税金　　B．单价措施项目费

C．安全文明施工费　　D．规费

⑳【多选】下列关于安装工业管道与市政工程管网工程的界定的说法中，正确的是（　）。

A．给水管道以厂区入口水表井为界

B．排水道以厂区围墙外1.5m为界

C．热力以厂区入口第一个计量表（阀门）为界

D．燃气以厂区入口第一个墙外三通为界

㉑【多选】根据《通用安装工程工程量计算规范》GB 50856-2013，燃气管道工程量计算时，管道室内外界划分为（　）。

A．地上引入管以墙外三通为界

B．地下引入管以进户前阀门井为界

C．地上引入管以建物外墙皮1.5m为界

D．地下引入管以室内第一个阀门为界

㉒【多选】**根据《通用安装工程工程量计算规范》GB 50856-2013，给排水、采暖管道室内外界限划分正确的有（　）。**

A．采暖管地下引入室内以室内第一阀门为界，地上引入室内以墙外三通为界

B．排水管以建筑物外墙皮3m为界，有化粪池时以化粪池为界

C．给水管以建筑物外墙墙皮1.5m为界，入口处设阀门者以阀门为界

D．采暖管以建筑物外墙皮1.5m为界，入口处设阀门者以阀门为界

1.6.5 例题解析

❶【答案】B

【解析】本题考查的知识点是《通用安装工程工程量计算规范》中的专业分类。

❷【答案】C

【解析】本题考查的知识点是《通用安装工程工程量计算规范》中的专业分类。

❸【答案】B

【解析】本题考查的知识点是《通用安装工程工程量计算规范》中的项目安装高度规定。

❹【答案】A

【解析】本题考查的知识点是《通用安装工程工程量计算规范》中的项目安装高度规定。

❺【答案】C

【解析】本题考查的知识点是《通用安装工程工程量计算规范》中的项目安装高度规定。

❻【答案】D

【解析】本题考查的知识点是《通用安装工程工程量计算规范》与其他计量规范界线划分的规定。此题题干说的是民建室外与市政管网，故选择D。

❼【答案】A

【解析】本题考查的知识点是安装工程分部分项工程工程量清单造价管理内容。本题属于造价管理内容，干扰项为招标代理，即使是委托招标代理，但责任还是需要由招标人承担。

❽【答案】D

【解析】本题考查的知识点是分部分项工程量清单的编制中项目编码内容。举例，03041102003，五级。

❾【答案】B

【解析】本题考查的知识点是项目编码中各级编码代表的含义。

❿【答案】A

【解析】本题考查的知识点是编制补充项目的注意内容。招标工程量清单不允许重码。

⑪【答案】C

【解析】本题考查的知识点是项目特征描述的重要意义。项目特征是清单本质的体现，其意义在于是区分清单项目的依据，编制综合单价的前提，履行合同义务的基础，施工图是根据合同、规范设计，项目特征根据施工图描述，C说反了。

⑫【答案】A

【解析】本题考查的知识点是计量单位的有效位数内容。保留三位小数的是以t为单位，以m，m^2，m^3，kg都是保留两位，以个、件为单位需要取整数。

⑬【答案】C

【解析】本题考查的知识点是安装工程措施项目清单类别。答案C，不需要写出计算过程，但是要写出方案的出处和计算方案。

⑭【答案】ABC

【解析】本题考查的知识点是分部分项工程工程量清单编制中的清单五要素内容。五要素：项目编码、名称、特征、计量单位、工程量。

⑮【答案】AD

【解析】本题考查的知识点是安装工程措施项目清单内容的分类。二次搬运、夜间施工、非夜间施工、已完工程设备保护、高层增加费、冬雨季施工增加费，有害气体和高浓度氧气防护属于专业措施。

⑯【答案】BCD

【解析】本题考查的知识点是安装工程措施项目清单内容的中关于专业措施项目的内容。

⑰【答案】ABD

【解析】本题考查的知识点是安装专业工程措施项目列项内容。

⑱【答案】BC

【解析】本题考查的知识点是其他项目清单与计价表的编制内容。暂列金额，暂估价不可以由投标人自主报价。

⑲【答案】ACD

【解析】本题考查的知识点是最高投标限价编制中应注意的问题。

⑳【答案】AC

【解析】本题考查的知识点是《通用安装工程工程量计算规范》与其他计量规范界线划分的规定。

㉑【答案】AD

【解析】本题考查的知识点是给排水、采暖、燃气管道工程量计算中的管道界限的划分。

㉒【答案】CD

【解析】本题考查的知识点是给排水、采暖、燃气管道工程量计算中的管道界限的划分。

第二章

安装工程计量

第一节　安装工程识图基本原理与方法

各专业识图的基本方法在对应教材中描述的比较详细，本教辅不做总结。

第二节　常用安装工程量计算规则及应用

安装工程计量是对拟建或已完安装工程（实体性或非实体性）数量的计算与确定。安装工程计量可划分为项目设计阶段、招投标阶段、项目实施阶段和竣工验收阶段的工程计量。在工程量计算过程中，除了依据《计价规范》、《通用安装工程工程量计算规范》之外，计量依据还包括《安装工程消耗量（预算）定额》、图纸、规范和工程计量内容及相关规定等。工程量清单应由分部分项工程量清单、措施项目清单、其他项目清单、规费项目清单和税金项目清单组成。安装工程分部分项工程量清单应按《通用安装工程工程量计算规范》中附录A-附录N规定的项目编码、项目名称、项目特征、计量单位、工程量计算规则和工作内容进行编制。

《通用安装工程工程量计算规范》内容：

1. 项目编码

《安装工程量计算规范》的项目编码是指分部分项工程和措施项目清单名称的阿拉伯数字标识。分部分项工程量清单、措施项目清单的项目编码使用12位阿拉伯数字表示，以“安装工程——安装专业工程——安装分部工程——安装分项工程——具体安装分项工程”的顺序进行五级项目编码设置。一、二、三、四级编码应按《安装工程量计算规范》附录的规定设置，第五级编码由清单编制人根据工程的清单项目特征分别编制。

第一级编码表示工程类别	采用两位数字（即第一、二位数字）表示。01表示建筑工程；02表示装饰装修工程；03表示安装工程；04表示市政工程；05表示园林绿化工程；06表示矿山工程
第二级编码表示各专业工程	采用两位数字（即第三,四位数字）表示。如安装工程的0301为“机械设工程备安装工程”；0308为“工业管道工程”等
第三级编码表示各专业工程下的各分部工程	采用两位数字（即第五、六位数字）表示。如030101为“切削设备安装工工程下的各分部工程程”；030803为“高压管道”分部工程
第四级编码表示各分部工程的各分项工程	即表示清单项目。采用三位数字（即第七、八、九位数字）表示。如030101001工程的各分项工程为“台式及仪表机床”；030803001为“高压碳钢管”分项工程
第五级编码表示清单项目名称顺序码	采用三位数字（即第十、十一、十二位数字）表示，由清单编制人员所编列，可有1~999个子项

2. 工程计量

（1）工程量计算除依据本规范各项规定外，尚应依据以下文件：

1）经审定通过的施工设计图纸及其说明；

2）经审定通过的施工组织设计或施工方案；

3）经审定通过的其他有关技术经济文件。

（2）工程实施过程中的计量应按照现行国家标准《建设工程工程量清单计价规范》GB 50500-2013的相关规定执行。

（3）本规范附录中有两个或两个以上计量单位的，应结合拟建工程项目的实际情况，确定其中一个为计量单位。同一工程项目的计量单位应一致。

（4）工程计量时每一项目汇总的有效位数应遵守下列规定：

1）以"t"为单位，应保留小数点后三位数字，第四位小数四舍五入；

2）以"m""m^2""m^3""kg"为单位，应保留小数点后两位数字，第三位小数四舍五入；

3）以"台""个""件""套""根""组""系统"等为单位，应取整数。

（5）本规范各项目仅列出了主要工作内容，除另有规定和说明外，应视为已经包括完成该项目所列或未列的全部工作内容。

（6）本规范电气设备安装工程适用于电气10kV以下的工程。

（7）本规范与现行国家标准《市政工程工程量计算规范》GB 50857-2013相关内容在执行上的划分界线如下：

1）本规范电气设备安装工程与市政工程路灯工程的界定：厂区、住宅小区的道路路灯安装工程、庭院艺术喷泉等电气设备安装工程按通用安装工程"电气设备安装工程"相应项目执行；涉及市政道路、市政庭院等电气安装工程的项目，按市政工程中"路灯工程"的相应项目执行。

2）本规范工业管道与市政工程管网工程的界定：给水管道以厂区入口水表井为界；排水管道以厂区围墙外第一个污水井为界；热力和燃气以厂区入口第一个计量表（阀门）为界。

3）本规范给排水、采暖、燃气工程与市政工程管网工程的界定：室外给排水、采暖燃气管道以市政管道碰头井为界；厂区、住宅小区的庭院喷灌及喷泉水设备安装按本规范相应项目执行；公共庭院喷灌及喷泉水设备安装按现行国家标准《市政工程工程量计算规范》GB 50857管网工程的相应项目执行。

（8）本规范涉及管沟、坑及井类的土方开挖、垫层、基础、砌筑、抹灰、地沟盖板预制安装、回填、运输、路面开挖及修复、管道支墩的项目，按现行国家标准《房屋建筑与装饰工程工程量计算规范》GB 50854和《市政工程工程量计算规范》GB 50857的相应项目执行。

3. 工程量清单编制

（1）一般规定

1）编制工程量清单应依据：

①本规范和现行国家标准《建设工程工程量清单计价规范》GB 50500；

②国家或省级、行业建设主管部门颁发的计价依据和办法；

③建设工程设计文件；

④与建设工程项目有关的标准、规范、技术资料；

⑤拟定的招标文件；

⑥施工现场情况、工程特点及常规施工方案；

⑦其他相关资料。

2）其他项目、规费和税金项目清单应按照现行国家标准《建设工程工程量清单计价规范》GB 50500的相关规定编制。

3）编制工程量清单出现附录中未包括的项目，编制人应做补充，并报省级或行业工程造价管理机构备案，省级或行业工程造价管理机构应汇总报住房和城乡建设部标准定额研究所。

补充项目的编码由本规范的代码03与B和三位阿拉伯数字组成，并应从03B001起顺序编制，同一招标工程的项目不得重码。

补充的工程量清单需附有补充项目的名称、项目特征、计量单位、工程量计算规则、工程内容。不能计量的措施项目，需附有补充的项目的名称、工作内容及包含范围。

（2）分部分项工程

1）工程量清单应根据附录规定的项目编码、项目名称、项目特征、计量单位和工程量计算规则进行编制。

2）工程量清单的项目编码，应采用十二位阿拉伯数字表示，一至九位应按附录的规定设置，十至十二位应根据拟建工程的工程量清单项目名称和项目特征设置，同一招标工程的项目编码不得有重码。

3）工程量清单的项目名称应按附录的项目名称结合拟建工程的实际确定。

4）工程量清单项目特征应按附录中规定的项目特征，结合拟建工程项目的实际予以描述。

5）分部分项工程量清单中所列工程量应按附录中规定的工程量计算规则计算。

6）分部分项工程量清单的计量单位应按附录中规定的计量单位确定。

7）项目安装高度若超过基本高度时，应在“项目特征”中描述。本规范安装工程各附录基本安装高度为：附录A机械设备安装工程10m；附录D电气设备安装工程5m；附录E建筑智能化工程5m；附录G通风空调工程6m；附录J消防工程5m；附录K给排水、采暖、燃气工程3.6m；附录M刷油、防腐蚀、绝热工程6m。

（3）措施项目

1）措施项目中列出了项目编码、项目名称、项目特征、计量单位、工程量计算规则的项目，编制工程量清单时，应按照本规范2.2分部分项工程的规定执行。

2）措施项目仅列出项目编码、项目名称，未列出项目特征、计量单位和工程量计算规则的项目，编制工程量清单时，应按本规范附录N措施项目规定的项目编码、项目名称确定。

2.2.1 电气安装工程量清单计算规则

1. 配电装置

内容	规则说明
配电装置	①空气断路器的储气罐及储气罐至断路器的管路按工业管道工程相关项目列项
	②干式电抗器项目适用于混凝土电抗器、铁芯干式电抗器、空心干式电抗器等
	③设备安装未包括地脚螺栓、浇筑（二次灌浆、抹面），如需要，应按《房屋建筑与装饰工程工程量计算规范》GB 50854-2013列项

2. 母线

软母线安装预留长度　　单位：m/根

项目	耐张	跳线	引下线、设备连接线
预留长度	2.5	0.8	0.6

硬母线配置安装预留长度　　单位：m/根

序号	项目	预留长度（m）	说明
1	带形、槽形母线终端	0.3	从最后一个支持点算起
2	带形、槽形母线与分支线连接	0.5	分支线预留
3	带形母线与设备连接	0.5	从设备端子接口算起
4	多片重形母线与设备连接	1.0	从设备端子接口算起
5	槽形母线与设备连接	0.5	从设备端子接口算起

3. 控制设备及低压电器

项目	规则说明
控制设备及低压电器	①控制开关包括：自动空气开关、刀型开关、铁壳开关、胶盖刀闸开关、组合控制开关、万能转换开关、风机盘管三速开关、漏电保护开关等
	②小电器包括：按钮、电笛、电铃、水位电气信号装置、测量表计、继电器、电磁锁、屏上辅助设备、辅助电压互感器、小型安全变压器等
	③其他电器安装指本节未列的电器项目
	④其他电器必须根据电器实际名称确定项目名称，明确描述工作内容、项目特征、计量单位、计算规则

盘、箱、柜的外部进出线预留长度　　单位：m/根

序号	项目	预留长度（m）	说明
1	各种箱、柜、盘、板、盒	高＋宽	盘面尺寸
2	单独安装的铁壳开关、自动开关、刀开关、启动器、箱式电阻器、变阻器	0.5	从安装对象中心算起
3	继电器、控制开关、信号灯、按钮、熔断器等小电器	0.3	从安装对象中心算起
4	分支接头	0.2	分支线预留

4. 电机检查接线及调试

项目	规则说明
电机检查接线及调试	①可控硅调速直流电动机类型指一般可控硅调速直流电动机、全数字式控制可控硅调速直流电动机
	②交流变频调速电动机类型指交流同步变频电动机、交流异步变频电动机
	③电动机按其质量划分为大、中、小型3t以下为小型，3～30t为中型，30t以上为大型

5. 滑触线装置

项目	规则说明
滑触线装置	需说明支架基础铁件及螺栓是否浇筑

滑触线安装预留长度　　单位：m/根

序号	项目	预留长度（m）	说明
1	圆钢、铜母线与设备连接	0.2	从设备接线端子接口算起
2	圆钢、铜滑触线终端	0.5	从最后一个固定点算起
3	角钢滑触线终端	1.0	从最后一个固定点算起
4	扁钢滑触线终端	1.3	从最后一个固定点算起
5	扁钢母线分支	0.5	分支线预留
6	扁钢母线与设备连接	0.5	从设备接线端子接口算起
7	轻轨滑触线终端	0.8	从最后一个支持点算起
8	安全节能及其他滑触线终端	0.5	从最后一个固定点算起

6. 电缆

项目	规则说明
电缆	①电缆穿刺线夹按电缆头编码列项
	②电缆井、电缆排管、顶管，应按《市政工程工程量计算规范》GB 50857-2013相关项目编码列项

电缆敷设预留及附加长度

序号	项目	预留长度（m）	说明
1	电缆敷设弛度、波形弯度、交叉	2.5	按电缆全长计算
2	电缆进入建筑物	2.0	规范规定最小值
3	电缆进入沟内或吊架时引上（下）预留	1.5	规范规定最小值
4	变电所进线、出线	1.5	规范规定最小值
5	电力电缆终端头	1.5	检修余量最小值
6	电缆中间接头盒	两端各留2.0	检修余量最小值
7	电缆进控制、保护屏及模拟盘、配电箱等	高＋宽	按盘面尺寸
8	高压开关柜及低压配电盘、箱	2.0	盘下进出线
9	电缆至电动机	0.5	从电动机接线盒算起
10	厂用变压器	3.0	从地坪算起
11	电缆绕过梁柱等增加长度	按实计算	按被绕物的断面情况计算增加长度
12	电梯电缆与电缆架固定点	每处0.5	规范规定最小值

7. 防雷及接地装置

项目	规则说明
防雷及接地装置	①利用桩基础作接地极，应描述桩台下桩的根数，每桩台下需焊接柱筋的根数，其工程量按柱引下线计算；利用基础钢筋作接地极按均压环项目编码列项
	②利用柱筋作引下线的，需描述柱筋焊接根数
	③利用圈梁筋作均压环的，需描述圈筋焊接根数
	④使用电缆、电线作接地线，应按相关项目编码列项

接地母线、引下线、避雷网附加长度　　单位：m

项目	预留长度（m）	说明
接地母线、引下线、避雷网附加长度	3.9	按接地母线、引下线、避雷网全长计算

8. 10kV以下架空配电线路

架空导线预留长度　　单位：m/根

项目		预留长度（m）
高压	转角	2.5
	分支、终端	2.0
低压	分支、终端	0.5
	交叉跳线转角	1.5
与设备连线		0.5
进户线		2.5

9. 配管、配线

分类	规则说明
配管、配线	①配管、线槽安装不扣除管路中间的接线箱（盒）、灯头盒、开关盒所占长度
	②配管名称指电线管、钢管、防爆管、塑料管、软管、波纹管等
	③配管配置形式指明、暗配、吊顶内、钢结构支架、钢索配管、埋地敷设、水下敷设、砌筑沟内敷设等
	④配线名称指管内穿线、瓷夹板配线、塑料夹板配线、绝缘子配线、槽板配线、塑料护套配线、线槽配线、车间带形母线等
	⑤配线形式指照明线路、动力线路、木结构、顶棚内、砖、混凝土结构、沿支架、钢索、屋架、梁、柱、墙以及跨屋架、梁、柱
	⑥配线保护管遇到下列情况之一时，应增设管路接线盒和拉线盒：导管长度每大于40m，无弯曲；导管长度每大于30m，有1个弯曲；导管长度每大于20m，有2个弯曲；导管长度每大于10m，有3个弯曲。 垂直敷设的电线保护管遇到下列情况之一时，应增设固定导线用的拉线盒：管内导线截面为50mm²及以下，长度每超过30m；管内导线截面为70～95mm²，长度每超过20m；管内导线截面为120～240mm²，长度每超过18m
	⑦配管安装中不包括凿槽、刨沟，应按相关项目编码列项

配线进入箱、柜、板的预留长度　　单位：m/根

序号	项目	预留长度（m）	说明
1	各种开关箱、柜、板	高＋宽	盘面尺寸
2	单独安装（无箱、盘）的铁壳开关、闸刀开关、启动器、线槽进出线盒等	0.3	从安装对象中心算起
3	由地面管子出口引至动力接线箱	1.0	从管口计算
4	电源与管内导线连接（管内穿线与软、硬母线接点）	1.5	从管口计算
5	出户线	1.5	从管口计算

10. 照明器具

分类	规则说明
照明器具	①普通灯具包括：圆球吸顶灯、半圆球吸顶灯、方形吸顶灯、软线吊灯、座灯头、吊链灯、防水吊灯、壁灯等
	②工厂灯包括：工厂罩灯、防水灯、防尘灯、碘钨灯、投光灯、泛光灯、混光灯等
	③高度标志（障碍）灯包括：烟囱标志灯、高塔标志灯、高层建筑屋顶障碍指示灯等
	④装饰灯包括：吊式、吸顶式、荧光、几何型组合、水下（上）艺术装饰灯和诱导装饰灯、标志灯、点光源艺术灯、歌舞厅灯具、草坪灯具等
	⑤医疗专用灯包括：病房指示灯、病房暗脚灯、紫外线杀菌灯、无影灯等
	⑥中杆灯是指安装在高度未超过19m的灯杆上的照明器具
	⑦高杆灯是指安装在高度超过19m的灯杆上的照明器具

11. 电气调整试验

项目	规则说明
电气调整试验	①功率大于10kW的电动机及发电机的启动调试用的蒸汽、电力和其他动力能源消耗及变压器空载试运转的电力消耗及需烘干处理的设备应说明
	②配合机械设备及其他工艺的单体试车，应按措施项目相关项目编码列项
	③计算机系统调试应按自动化控制仪表安装工程相关项目编码列项

2.2.2 通风空调工程量计算规则

通风空调项目计量规则如下：

项目	注意事项
通风管道制作安装	①风管展开面积不扣除检查孔、测定孔、送风口、吸风口等所占面积。风管长度一律以设计图示中心线长度为准（主管与支管以其中心线交点划分），包括弯头、三通、变径管、天圆地方等管件的长度，但不包括部件所占的长度。风管展开面积不包括风管、管口重叠部分面积。风管渐缩管：圆形风管按平均直径；矩形风管按平均周长
	②穿墙套管按展开面积计算，计入通风管道工程量中
	③通风管道的法兰垫料或封口材料，按图纸要求应在项目特征中描述
	④净化通风管的空气洁净度按100000级标准编制，净化通风管使用的型钢材料如要求镀锌时，工作内容应注明加镀锌
	⑤弯头导流叶片数量按设计图纸或规范要求计算
	⑥风管检查孔、温度测定孔、风量测定孔数量按设计图纸或规范要求计算
通风管道部件制作安装	①碳钢阀门包括：空气加热器上通阀、空气加热器旁通阀、圆形瓣式启动阀、风管蝶阀、风管止回阀、密闭式斜插板阀、矩形风管三通调节阀、对开多叶调节阀、风管防火阀、各型风罩调节阀等
	②塑料阀门包括：塑料蝶阀、塑料插板阀、各型风罩塑料调节阀
	③碳钢风口、散流器、百叶窗包括：百叶风口、矩形送风口、矩形空气分布器、风管插板风口、旋转吹风口、圆形散流器、方形散流器、流线形散流器、送吸风口、活动篦式风口、网式风口、钢百叶窗等
	④碳钢罩类包括：皮带防护罩、电动机防雨罩、侧吸罩、中小型零件焊接台排气罩、整体分组式槽边侧吸罩、吹吸式槽边通风罩、条缝槽边抽风罩、泥心烘炉排气罩、升降式回转排气罩、上下吸式圆形回转罩、升降式排气罩、手锻炉排气罩
	⑤塑料罩类包括：塑料槽边侧吸罩、塑料槽边风罩、塑料条缝槽边抽风罩
	⑥柔性接口包括：金属、非金属软接口及伸缩节
	⑦消声器包括：片式消声器、矿棉管式消声器、聚酯泡沫管式消声器、卡普隆纤维管式消声器、弧形声流式消声器、阻抗复合式消声器、微穿孔板消声器、消声弯头
	⑧通风部件如图纸要求制作安装或用成品部件只安装不制作，这类特征在项目特征中应明确描述
	⑨静压箱的面积计算：按设计图示尺寸以展开面积计算，不扣除开口的面积

2.2.3 消防工程量计算规则

1. 水灭火系统工程量计算规则

报警装置适用于湿式、干湿两用、电动雨淋、预制作用报警装置的安装。报警装置安装包括：装配管（除水力警铃进水管）的安装，水力警铃进水管并入消防管道工程量。

分类	具体内容
湿式报警装置	湿式阀、蝶阀、装配管、供水压力表、装置压力表、试验阀、泄放试验阀、泄放试验管、试验管流量计、过滤器、延时器、水力警铃、报警截止阀、漏斗、压力开关等
干湿两用报警装置	两用阀、蝶阀、装配管、加速器、加速器压力表、供水压力表、试验阀、泄放试验阀（湿式、干式）、挠性接头、泄放试验管、试验管流量计、排气阀、截止阀、漏斗、过滤器、延时器、水力警铃、压力开关等
电动雨淋报警装置	雨淋阀、蝶阀、装配管、压力表、泄放试验阀、流量表、截止阀、注水阀、止回阀、电磁阀、排水阀、手动应急球阀、报警试验阀、漏斗、压力开关、过滤器、水力警铃等
预作用报警装置	报警阀、控制蝶阀、压力表、流量表、截止阀、排放阀、注水阀、止回阀、泄放阀、报警试验阀、液压切断阀、装配管、供水检验管、气压开关、试压电磁阀、空压机、应急手动试压器、漏斗、过滤器、水力警铃等
温感式水幕装置	给水三通至喷头、阀门间的管道、管件、阀门、喷头等全部内容的安装

2. 火灾自动报警系统工程量计算规则

分类	规则说明
火灾自动报警系统	①消防报警系统配管、配线、接线盒均应接电气设备安装工程相关项目编码列项
	②消防广播及对讲电话主机包括功放机、录音机、分配器、控制柜等设备
	③点型探测器包括火焰、烟感、温感、红外光束、可燃气体探测器等

3. 计算规则说明

序号	规则说明
①	喷淋系统水灭火管道，消火栓管道：室内外界限应以建筑物外墙皮1.5m为界，入口处设阀门者应以阀门为界；设在高层建筑物内消防泵间管道应以泵间外墙皮为界。与市政给水管道的界限：以与市政给水管道碰头点（井）为界
②	消防管道如需进行探伤，应按工业管道工程相关项目编码列项
③	消防管道上的阀门、管道及设备支架、套管制作安装，按给水排水、采暖、燃气工程相关项目编码列项

续表

序号	规则说明
④	管道及设备除锈、刷油、保温除注明者外，均应按刷油、防腐蚀、绝热工程相关项目编码列项

2.2.4 给水排水、采暖、燃气管道工程量计算规则

给水排水、采暖、燃气管道工程量计算规则说明如下：

序号	规则说明
①	给水管道室内外界限划分：以建筑物外墙皮1.5m为界，入口处设阀门者以阀门为界
②	排水管道室内外界限划分：以出户第一个排水检查井为界
③	采暖管道室内外界限划分：以建筑物外墙皮1.5m为界，入口处设阀门者以阀门为界
④	燃气管道室内外界限划分：地下引入室内的管道以室内第一个阀门为界，地上引入室内的管道以墙外三通为界
⑤	管道热处理、无损探伤，应按工业管道工程相关项目编码列项
⑥	医疗气体管道及附件，应按工业管道工程相关项目编码列项
⑦	管道、设备及支架除锈、刷油、保温除注明者外，应按刷油、防腐蚀、绝热工程相关项目编码列项
⑧	凿槽（沟）、打洞项目，应按电气设备安装工程相关项目编码列项

第三节 安装工程量清单的编制

2.3.1 安装工程工程量清单的编制概述

1. 安装工程工程量清单编制的依据

序号	编制依据
①	《建设工程工程量清单计价规范》GB 50500-2013和《通用安装工程工程量计算规范》GB 50856-2013
②	国家或省级、行业建设主管部门颁发的计价定额和办法
③	建设工程设计文件及相关资料
④	与建设工程有关的标准、规范、技术资料
⑤	拟定的招标文件
⑥	施工现场情况、地勘水文资料、工程特点及常规施工方案
⑦	其他相关资料

2. 安装工程工程量清单编制的流程

流程	具体内容
（1）准备工作	①初步研究。对各种资料进行认真研究，为工程量清单的编制做准备
	②现场踏勘。为了选用合理的施工组织设计和施工技术方案，需进行现场踏勘，以充分了解施工现场情况及工程特点
	③拟定常规施工组织设计。根据项目的具体情况编制施工组织设计，拟定工程的施工方案、施工顺序、施工方法等，便于工程量清单的编制及准确计算，特别是工程量清单中的措施项目
（2）计算工程量	①划分项目、确定清单项目名称、编码
	②根据《通用安装工程工程量计算规范》GB 50856—2013的计算规则计算工程量
（3）编制工程量清单	①编制分部分项工程和单价措施项目工程量清单，填写分部分项工程和单价措施项目清单与计价表
	②编制总价措施项目清单，填写总价措施项目清单与计价表
	③编制其他项目清单，填写其他项目清单与计价汇总表等
	④编制规费和税金项目清单，填写规费、税金项目计价表
	⑤复核、编写总说明
	⑥汇总并装订，形成完整的工程量清单文件

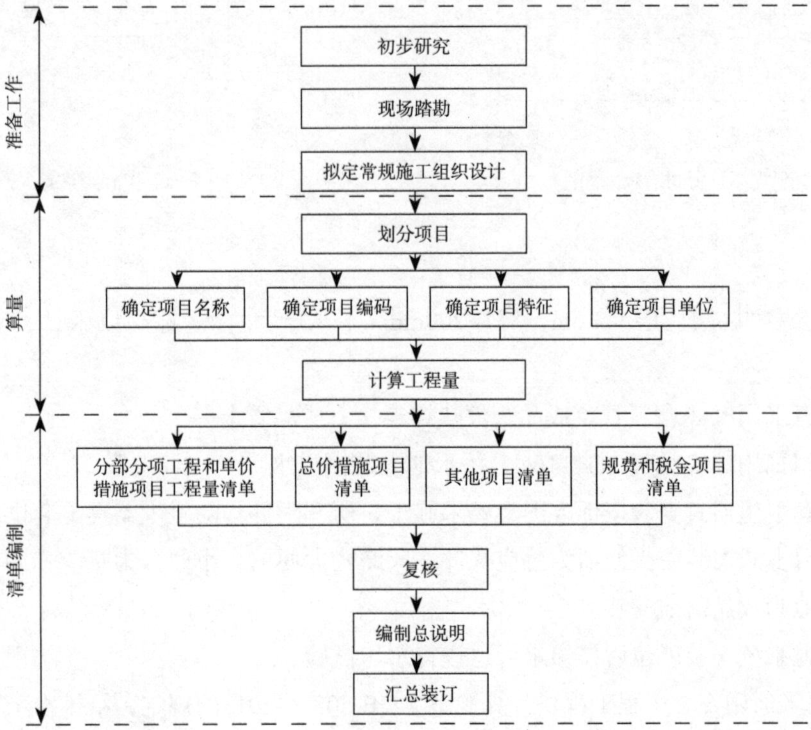

工程量清单编制流程图

2.3.2 安装工程工程量清单编制示例

案例一

背景：

1. 某办公楼内卫生间的给水施工图如图1和图2所示。

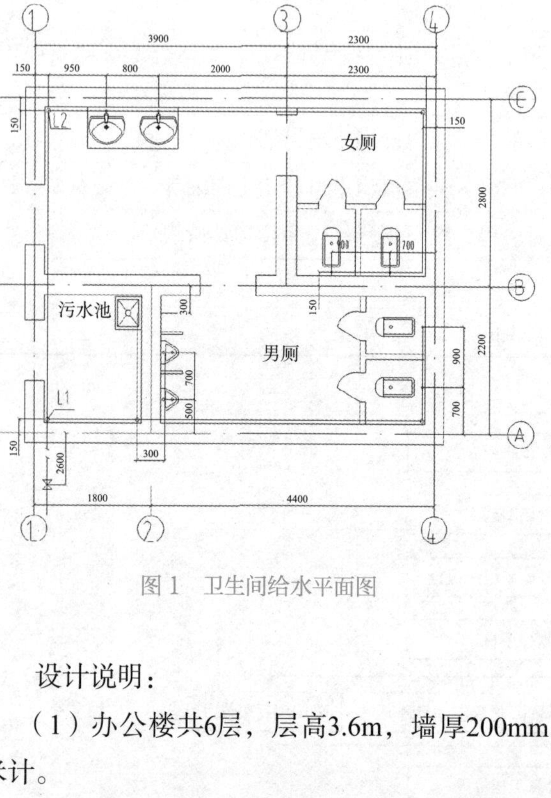

图1　卫生间给水平面图

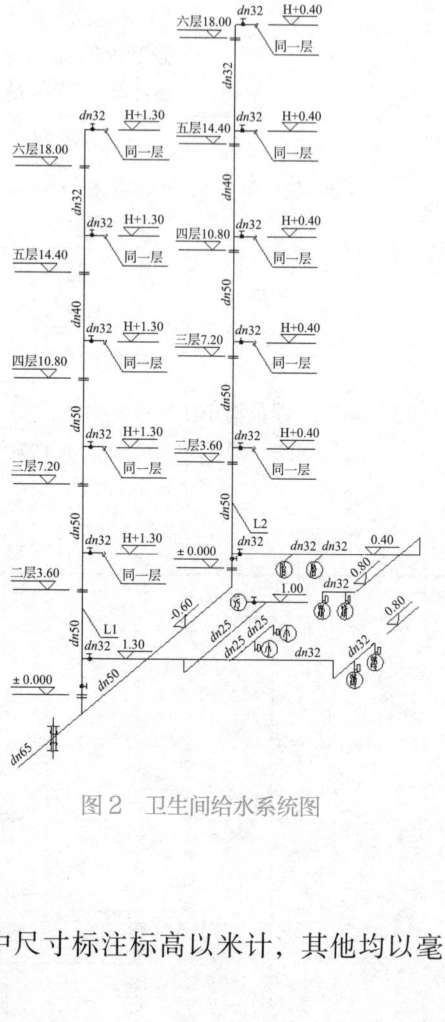

图2　卫生间给水系统图

设计说明：

（1）办公楼共6层，层高3.6m，墙厚200mm。图中尺寸标注标高以米计，其他均以毫米计。

（2）管道采用PP-R塑料管及成品管件热熔连接，成品管卡。

（3）阀门采用螺纹球阀Q11F-16C，污水池上装铜质水嘴。

（4）成套卫生器具安装按标准图集要求施工，所有附件均随卫生器具配套供应。洗脸盆为单柄单孔台上式安装，大便器为感应式冲洗阀蹲式大便器，小便器为感应式冲洗阀壁挂式安装，污水池为成品落地安装。

（5）管道系统安装就位后，给水管道进行水压试验。

2. 根据《通用安装工程工程量计算规范》GB 50856-2013的规定，给排水工程相关分部分项工程量清单项目的统一编码见表1。

相关分部分项工程清单项目的统一编码 表1

项目编码	项目名称	项目编码	项目名称
031001001	镀锌钢管	031004014	给水附件
031001006	塑料管	031001007	复合管
031003001	螺纹阀门	031003003	焊接法兰阀门
031004003	洗脸盆	031004006	大便器
031004007	小便器	031002003	套管

3. 塑料给水管定额相关数据见表2，表内费用均不包含增值税可抵扣进项税额。

该工程的人工单价（包括普工、一般技工和高级技工）综合为100元/工日，管理费和利润分别占人工费的60%和30%。

塑料给水管安装定额的相关数据表 表2

定额编号	项目名称	单位	安装基价（元）			未计价主材	
			人工费	材料费	机械费	单价（元）	消耗量
10-1-257	室外塑料管热熔安装*DN*32	10m	55.00	3200	15.00	—	—
—	PP-R塑料管*DN*32	m	—	—	—	10.00	10.20
—	管件（综合）	个	—	—	—	4.00	2.83
10-1-325	室内塑料管热熔安装*DN*32	10m	120.00	45.00	26.00	—	—
—	PP-R塑料管*DN*32	m	—	—	—	10.00	10.15
—	管件（综合）	个	—	—	—	4.00	10.81
10-11-121	管道水压试验	100m	266.00	80.00	55.00	—	—

4. 经计算该办公楼管道安装工程的分部分项工程人材机费用合计为60万元，其中人工费占25%。单价措施项目中仅有脚手架项目，脚手架搭拆的人材机费用2.4万元，其中人工费占20%；总价措施项目费中的安全文明施工费用（包括安全施工费、文明施工费、环境保护费、临时设施费）根据当地工程造价管理机构发布的规定按分部分项工程人工费的20%计取，夜间施工费、二次搬运费、冬雨期施工增加费、已完工程及设备保护费等其他总价措施项目费用合计按分部分项工程人工费的12%计取，总价措施费中人工费占30%。

暂列金额6万元，不考虑计日工费用。

规费按分部分项工程和措施项目费中全部人工费的25%计取。

上述费用均不包含增值税可抵扣进项税额，增值税税率按9%计取。

问题：

1．按照图1和图2所示内容，按直埋（指敷设于室内地坪下埋地的管段）、明敷（指沿墙面架空敷设于室内明处的管段）分别列式计算给水管道安装项目分部分项清单工程量（注：管道工程量计算至支管与卫生器具相连的分支三通或末端弯头处止）。

2．根据《通用安装工程工程量计算规范》和《计价规范》的规定，编制管道、阀门、卫生器具（污水池除外）安装项目的分部分项工程量清单。

3．根据表2给出的相关内容，编制*DN*32PP-R室内明敷塑料给水管道分部分项工程的综合单价分析表。

4．编制该办公楼管道系统单位工程的招标控制价汇总表。

答案：

问题1：

解：列式计算PP-R塑料给水管道的分部分项清单工程量。

1．PP-R塑料给水管*DN*65，直埋：2.60+0.15=2.75（m）

2．PP-R塑料给水管*DN*50，直埋：（2.20+2.80–0.15–0.15）+（0.60+0.60）=5.90（m）

明敷：3.60×3+1.30+3.60×3+0.40=23.30（m）

3．PP-R塑料给水管*DN*40，明敷：3.60+3.60=7.20（m）

4．PP-R塑料给水管*DN*32，明敷：3.60+3.60=7.20（m）

L1支管：[（1.80+4.40–0.15×2）+（0.70+0.90–0.15）+（1.30–0.8）]×6=47.10（m）

L2支管：[（3.90+2.30–0.15×2）+（2.80–0.15×2）+（0.70+0.90–0.15）+（0.80–0.40）]×6=61.50（m）

合计：7.20+47.10+61.50=115.80（m）

5．PP-R塑料给水管*DN*25，明敷：[130–100+（2.20–0.15-0.30）+（0.70+0.50–0.15）]×6= 18.60（m）

问题2：

解：根据计算出的管道、阀门、卫生器具（污水池除外）安装项目的分部分项工程量，填入分部分项工程和单价措施项目清单与计价表（见表3）。

分部分项工程和单价措施项目清单与计价表　　表3

序号	项目编码	项目名称	项目特征	计量单位	工程量	金额（元）		
						综合单价	合价	其中：暂估价
1	031001006001	塑料给水管	*DN*65，PP-R塑料给水管，室内直埋，热熔连接，水压试验	m	2.75	—	—	—

续表

序号	项目编码	项目名称	项目特征	计量单位	工程量	金额（元）		
						综合单价	合价	其中：暂估价
2	031001006002	塑料给水管	*DN*50，PP-R塑料给水管，室内直埋，热熔连接，水压试验	m	5.90	—	—	—
3	031001006003	塑料给水管	*DN*50，PP-R塑料给水管，室内明敷，热熔连接，水压试验	m	23.30	—	—	—
4	031001006004	塑料给水管	*DN*40，PP-R塑料给水管，室内明教，热熔连接，水压试验	m	7.20	—	—	—
5	031001006005	塑料给水管	*DN*32，PP-R塑料给水管，室内明教，热熔连接，水压试验	m	115.80	—	—	—
6	031001006006	塑料给水管	*DN*25，PP-R塑料给水管，室内明教，热熔连接，水压试验	m	18.60	—	—	—
7	031003001001	螺纹阀门	球阀*DN*50，PVI6QI1F-16C	个	1	—	—	—
8	031003001002	螺纹阀门	球阀*DN*40，PVI6QI1F-16C	个	2	—	—	—
9	031003001003	螺纹阀门	球阀*DN*25，PVI6QI1F-16C	个	12	—	—	—
10	031004006001	大便器	陶瓷，蹲式，感应式冲洗阀附件安装	组	24	—	—	—
11	031004003001	洗脸盆	陶瓷，单冷，单柄单孔台上式附件安装	组	12	—	—	—
12	031004007001	小便器	陶瓷，壁挂式，感应式冲洗阀附件安装	组	12	—	—	—

问题3:

解：室内*DN*32室内明敷PP-R塑料给水管道分部分项工程的综合单价分析表，见表4。

*DN*32室内明敷PP-R塑料给水管道安装综合单价分析表　　表4

项目编码	031001006004	项目名称	*DN*32，室内明敷 PP-R塑料给水管道安装					计量单位	m	工程量	115.80
清单综合单价组成明细											
定额编号	定额名称	定额单位	数量	单价（元）				合价（元）			
				人工费	材料费	机械费	管理费和利润	人工费	材料费	机械费	管理费和利润
10-1-325	塑料管安装*DN*32	10m	0.1	120.00	45.00	26.00	108.00	12.00	4.50	2.60	10.80
10-11-121	管道水压试验	100m	0.01	266.00	80.00	55.00	239.40	2.66	1.80	0.55	2.39
综合人工单价	小计							14.66	5.30	3.15	13.19
100.00元/工日	未计价材料费							14.48			
清单项目综合单价（元）								50.78			
材料费明细	主要材料名称，规格，型号			单位		数量		单价（元）	合价（元）	暂估单价（元）	暂估合价（元）
	PP-R塑料管*DN*32			m		1.016		10	10.16	—	—
	管件（综合）*DN*32			个		1.081		4	4.32	—	—
	其他材料费								5.30	—	—
	材料费小计								19.78	—	—

问题4:

解：各项费用的计算如下，并填入单位工程招标控制价汇总表中，见表5。

1．分部分项工程费合计=60.00+60.00×25%×（60%+30%）=73.50（万元）

其中人工费=60.00×25%=15.00（万元）

单位工程招标控制价汇总表　　表5

序号	汇总内容	金额（万元）	其中：暂估价（万元）
1	分部分项工程费	73.50	—
1.1	其中：人工费	15.00	—
2	措施项目费	7.63	—
2.1	其中：人工费	1.92	—
3	其他项目费	6.00	—
3.1	其中：暂列金额	6.00	—
3.2	其中：专业工程暂估价	—	—
3.3	其中：计日工	—	—
3.4	其中：总包服务费	—	—
4	规费	4.23	—
5	税金	8.22	—
招标控制价合计=1+2+3+4+5		99.58	—

2. 措施项目费：

脚手架搭拆费=2.40+2.40×20%×（60%+30%）=2.83（万元）

安全文明施工费=15.00×20%=3.00（万元）

其他措施项目费=15.00×12%=1.80（万元）

措施项目费合计=2.83+3.00+1.80=7.63（万元）

其中人工费=2.40×20%+（300+1.80）×30%=192（万元）

3. 其他项目费=6.00（万元）

4. 规费=（15.00+1.92）×25%=4.23（万元）

5. 税金=（73.50+7.63+6.00+4.23）×9%=8.22（万元）

6. 招标控制价合计=73.50+7.63+6.00+4.23+8.22=99.58（万元）

案例二

平面图

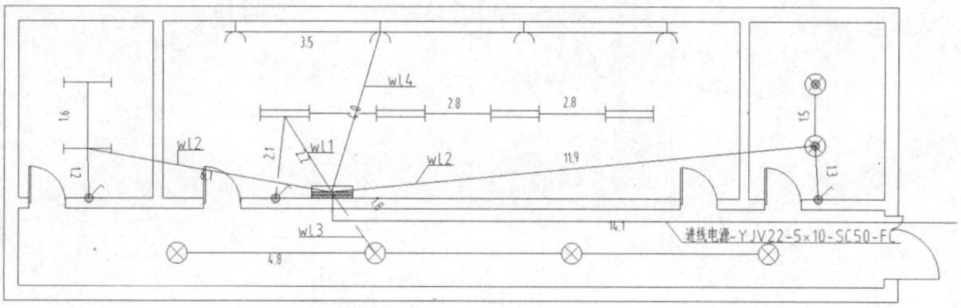

箱体图

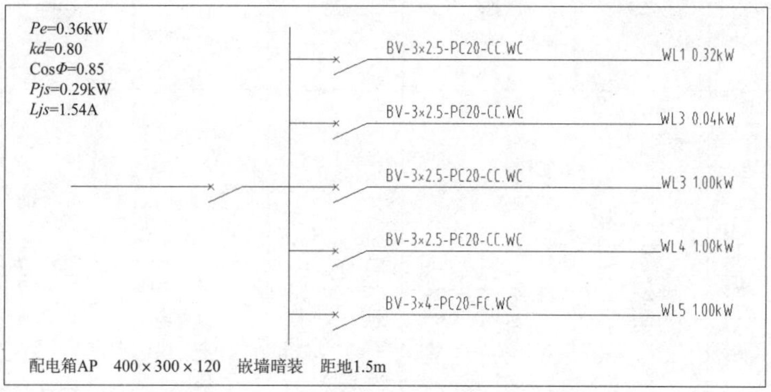

主要材料设备表

序号	图例	名称	规格	单位	数量	安装高度
1	▭	动力照明配电箱AP		台	1	距地1.5m
2	⊗	防水防尘灯		盏	2	吸顶安装
3	⊢⊣	单管荧光灯	36W	盏	2	吸顶安装
4	⊗	吸顶灯		盏	4	吸顶安装
5	⊨	双管荧光灯	2×36W	盏	4	吸顶安装
6	⋎	普通插座		个	4	距地0.3m
7	↗	单联开关		个	3	距地1.3m

工程量计算如下：

序号	项目编码	项目名称	计量单位	工程数量	备注
1	030204018001	配电箱 1.名称、型号：配电箱AP 2.规格：400×300×120 3.安装方式：距地1.5暗装	台	1	—
2	030213002001	工厂灯 1.名称、型号：防水防尘灯 2.安装方式及高度：吸顶安装	套	2	—
3	030213004001	荧光灯 1.名称：单管荧光灯 2.型号：36W 3.安装方式：吸顶安装	套	2	—
4	030213001001	普通吸顶灯及其他灯具 1.名称、型号：吸顶灯 2.安装方式：吸顶安装	套	4	—
5	030204031001	小电器 1.名称：普通插座 2.安装方式：距地0.3m	个	4	—
6	030204031002	小电器 1.名称：单联开关 2.安装方式：距地1.3m	个	3	—
7	030213004002	荧光灯 1.名称：双管荧光灯 2.型号：2×36W 3.安装方式：吸顶安装	套	4	—

续表

序号	项目编码	项目名称	计量单位	工程数量	备注
8	030212001001	电气配管 1.名称：电气配管 2.材质：焊接钢管 3.规格：*DN*50 4.配置形式及部位：暗配	m	17.65	—
9	030212001002	电气配管 1.名称：电气配管 2.材质：PVC电工管 3.规格：*PC*20 4.配置形式及部位：暗配	m	（3.6-1.5）×4+6.1+1.6+2.2+2.8×3+11.9+1.5+4.8×3+1.8［三根］+1.2+2.1+1.3+（3.6-1.3）×3［两根］=67.8	照明回路
				1.5+4+3.5×3+0.3×7=18.1	插座回路
10	030411006001	接线盒	个	12	接线盒
11	030411006001	开关盒	个	7	开关盒
12	030208001001	电力电缆 1.型号：电力电缆 2.规格：YJV-5×10 3.敷设方式：管内敷设	m	（1.5［外墙皮以外］+14.1+0.55［水平段］+1.5［配电箱重直］+1.5×2+（0.4+0.3））×1.025=21.88	清单量
13	030212003001	电气配线 1.配线形式：管内穿线 2.导线型号、材质、规格：BV-2.5	m	{（3.6-1.5）×4+6.1+1.6+2.2+2.8×3+11.9+1.5+4.8×3+1.8［三根］}×3+［1.2+2.1+1.3+（3.6-1.3）×3］×2［两根］=191.9	预留量
				（0.4+0.3）×4×3=8.4	
14	030212003002	电气配线 1.配线形式：管内穿线 2.导线型号、材质、规格：BV-4	m	18.1×3=54.3	清单量
				（0.4+0.3）×3=2.1	预留量
15	030211002001	送配电装置系统	系统	1	—
16	030211008001	接地装置	系统	1	—
	030209001001	接地装置	项	1	—
17	030209002001	避雷装置	项	1	—

单位工程招标控制价汇总表

工程名称：电气　　　　标段：某市公共厕所照明工程　　　　第1页　共1页

序号	汇总内容	金额（元）	其中：暂估价（元）
1	分部分项工程	7595.01	—
1.1	人工费	2504.27	—
1.2	材料费	3503.91	—
1.3	施工机具使用费	236.57	—
1.4	企业管理费	1002.29	—
1.5	利润	351.05	—
2	措施项目	368.86	—
2.1	单价措施项目费	113.7	—
2.2	总价措施项目费	255.16	—
2.2.1	其中：安全文明施工措施费	131.82	—
3	其他项目	—	—
3.1	其中：暂列金额	—	—
3.2	其中：专业工程暂估价	—	—
3.3	其中：计日工	—	—
3.4	其中：总承包服务费	—	—
4	规费	232.54	—
5	税金	737.68	—
招标控制价合计＝1+2+3+4+5-甲供材料费_含设备/1.01		8934.09	0

综合单价分析表

工程名称：电气

<table>
<tr><td colspan="2">项目编码</td><td colspan="2">030404017001</td><td colspan="2">项目名称</td><td colspan="2">配电箱</td><td colspan="2">计量单位</td><td colspan="2">台</td><td colspan="2">工程量</td><td colspan="2">1</td></tr>
<tr><td colspan="16">清单综合单价组成明细</td></tr>
<tr><td rowspan="2">定额编号</td><td rowspan="2">定额项目名称</td><td rowspan="2">定额单位</td><td rowspan="2">数量</td><td colspan="6">单价</td><td colspan="6">合价</td></tr>
<tr><td>人工费</td><td>材料费</td><td>机械费</td><td>管理费（20.54%）</td><td>利润（22.11%）</td><td>风险</td><td>人工费</td><td>材料费</td><td>机械费</td><td>管理费</td><td>利润</td><td>风险</td></tr>
<tr><td>4-268</td><td>悬挂嵌入式配电箱安装，半周长1.0m</td><td>台</td><td>1</td><td>124.2</td><td>744.24</td><td>—</td><td>49.68</td><td>17.39</td><td>—</td><td>124.2</td><td>744.24</td><td>—</td><td>49.68</td><td>17.39</td><td>—</td></tr>
<tr><td>4-412</td><td>无端子外部接线2.5</td><td>10个</td><td>0.9</td><td>15.3</td><td>14.45</td><td>—</td><td>6.12</td><td>2.14</td><td>—</td><td>13.77</td><td>13.01</td><td>—</td><td>5.51</td><td>1.93</td><td>—</td></tr>
<tr><td>4-413</td><td>无端子外部接线6</td><td>10个</td><td>0.3</td><td>20.7</td><td>14.45</td><td>—</td><td>8.28</td><td>2.9</td><td>—</td><td>6.21</td><td>4.34</td><td>—</td><td>2.48</td><td>0.87</td><td>—</td></tr>
<tr><td colspan="3">人工单价</td><td colspan="7">小计</td><td>144.18</td><td>761.59</td><td>—</td><td>57.67</td><td>20.19</td><td>—</td></tr>
<tr><td colspan="3">二类工90元/工日</td><td colspan="7">未计价材料费</td><td colspan="6">709.83</td></tr>
<tr><td colspan="10">清单项目综合单价</td><td colspan="6">983.63</td></tr>
<tr><td rowspan="6">材料费明细</td><td colspan="5">主要材料名称、规格、型号</td><td>单位</td><td>数量</td><td colspan="2">单价（元）</td><td colspan="2">合价（元）</td><td colspan="2">暂估单价（元）</td><td colspan="2">暂估合价（元）</td></tr>
<tr><td colspan="5">自粘橡胶带20mm×5m</td><td>卷</td><td>0.1</td><td colspan="2">12.43</td><td colspan="2">1.24</td><td colspan="2">—</td><td colspan="2">—</td></tr>
<tr><td colspan="5">精制带母镀锌螺栓M10×100内2平1弹垫</td><td>套</td><td>2.1</td><td colspan="2">1.1</td><td colspan="2">2.31</td><td colspan="2">—</td><td colspan="2">—</td></tr>
<tr><td colspan="5">照明配电箱　半周长在1.0以内</td><td>只</td><td>1</td><td colspan="2">709.83</td><td colspan="2">709.83</td><td colspan="2">—</td><td colspan="2">—</td></tr>
<tr><td colspan="7">其他材料费</td><td colspan="2">—</td><td colspan="2">48.2</td><td colspan="2">—</td><td colspan="2">—</td></tr>
<tr><td colspan="7">材料费小计</td><td colspan="2">—</td><td colspan="2">761.58</td><td colspan="2">—</td><td colspan="2">—</td></tr>
</table>

综合单价分析表

工程名称：电气

<table>
<tr><td colspan="2">项目编码</td><td colspan="2">030412001001</td><td colspan="2">项目名称</td><td colspan="2">普通灯具</td><td colspan="2">计量单位</td><td colspan="2">套</td><td colspan="2">工程量</td><td colspan="2">2</td></tr>
<tr><td colspan="16">清单综合单价组成明细</td></tr>
<tr><td rowspan="2">定额编号</td><td rowspan="2">定额项目名称</td><td rowspan="2">定额单位</td><td rowspan="2">数量</td><td colspan="6">单价</td><td colspan="6">合价</td></tr>
<tr><td>人工费</td><td>材料费</td><td>机械费</td><td>管理费（20.54%）</td><td>利润（22.11%）</td><td>风险</td><td>人工费</td><td>材料费</td><td>机械费</td><td>管理费</td><td>利润</td><td>风险</td></tr>
<tr><td>4-1567</td><td>防水灯头安装</td><td>10套</td><td>0.1</td><td>57.6</td><td>349.32</td><td></td><td>23.04</td><td>8.06</td><td>—</td><td>5.76</td><td>34.93</td><td></td><td>2.3</td><td>0.81</td><td>—</td></tr>
<tr><td colspan="2">人工单价</td><td colspan="8">小计</td><td>5.76</td><td>34.93</td><td></td><td>2.3</td><td>0.81</td><td>—</td></tr>
<tr><td colspan="2">二类工90元/工日</td><td colspan="8">未计价材料费</td><td colspan="6">31.37</td></tr>
<tr><td colspan="10">清单项目综合单价</td><td colspan="6">43.8</td></tr>
<tr><td rowspan="5">材料费明细</td><td colspan="5">主要材料名称、规格、型号</td><td>单位</td><td>数量</td><td colspan="2">单价（元）</td><td colspan="2">合价（元）</td><td colspan="2">暂估单价（元）</td><td colspan="2">暂估合价(元)</td></tr>
<tr><td colspan="5">塑料圆台</td><td>个</td><td>1.05</td><td colspan="2">—</td><td colspan="2">—</td><td colspan="2">—</td><td colspan="2">—</td></tr>
<tr><td colspan="5">防水防尘灯</td><td>套</td><td>1.01</td><td colspan="2">31.06</td><td colspan="2">31.37</td><td colspan="2">—</td><td colspan="2">—</td></tr>
<tr><td colspan="7">其他材料费</td><td colspan="2">—</td><td colspan="2">3.56</td><td colspan="2">—</td><td colspan="2">—</td></tr>
<tr><td colspan="7">材料费小计</td><td colspan="2">—</td><td colspan="2">34.93</td><td colspan="2">—</td><td colspan="2">—</td></tr>
</table>

综合单价分析表

工程名称：电气

<table>
<tr><td colspan="2">项目编码</td><td colspan="2">030412001002</td><td colspan="2">项目名称</td><td colspan="2">普通灯具</td><td colspan="2">计量单位</td><td colspan="2">套</td><td colspan="2">工程量</td><td colspan="2">4</td></tr>
<tr><td colspan="16">清单综合单价组成明细</td></tr>
<tr><td rowspan="2">定额编号</td><td rowspan="2">定额项目名称</td><td rowspan="2">定额单位</td><td rowspan="2">数量</td><td colspan="6">单价</td><td colspan="6">合价</td></tr>
<tr><td>人工费</td><td>材料费</td><td>机械费</td><td>管理费（20.54%）</td><td>利润（22.11%）</td><td>风险</td><td>人工费</td><td>材料费</td><td>机械费</td><td>管理费</td><td>利润</td><td>风险</td></tr>
<tr><td>4-1558</td><td>半圆球吸顶灯安装 Φ300mm</td><td>10套</td><td>0.1</td><td>148.5</td><td>242.72</td><td>—</td><td>59.4</td><td>20.79</td><td>—</td><td>14.85</td><td>24.27</td><td>—</td><td>5.94</td><td>2.08</td><td>—</td></tr>
<tr><td colspan="2">人工单价</td><td colspan="8">小计</td><td>14.85</td><td>24.27</td><td>—</td><td>5.94</td><td>2.08</td><td>—</td></tr>
<tr><td colspan="2">二类工90元/工日</td><td colspan="8">未计价材料费</td><td colspan="6">22.4</td></tr>
<tr><td colspan="10">清单项目综合单价</td><td colspan="6">47.14</td></tr>
<tr><td rowspan="5">材料费明细</td><td colspan="6">主要材料名称、规格、型号</td><td>单位</td><td>数量</td><td colspan="2">单价（元）</td><td colspan="2">合价（元）</td><td colspan="2">暂估单价（元）</td><td>暂估合价（元）</td></tr>
<tr><td colspan="6">圆木台275~350</td><td>块</td><td>1.05</td><td colspan="2">—</td><td colspan="2">—</td><td colspan="2">—</td><td>—</td></tr>
<tr><td colspan="6">吸顶灯</td><td>套</td><td>1.01</td><td colspan="2">22.18</td><td colspan="2">22.4</td><td colspan="2">—</td><td>—</td></tr>
<tr><td colspan="8">其他材料费</td><td colspan="2">—</td><td colspan="2">1.86</td><td colspan="2">—</td><td>—</td></tr>
<tr><td colspan="8">材料费小计</td><td colspan="2">—</td><td colspan="2">24.26</td><td colspan="2">—</td><td>—</td></tr>
</table>

综合单价分析表

工程名称：电气

<table>
<tr><td colspan="2">项目编码</td><td colspan="2">030412005001</td><td colspan="2">项目名称</td><td colspan="2">荧光灯</td><td colspan="2">计量单位</td><td colspan="2">套</td><td colspan="2">工程量</td><td colspan="2">2</td></tr>
<tr><td colspan="16">清单综合单价组成明细</td></tr>
<tr><td rowspan="2">定额编号</td><td rowspan="2">定额项目名称</td><td rowspan="2">定额单位</td><td rowspan="2">数量</td><td colspan="6">单价</td><td colspan="6">合价</td></tr>
<tr><td>人工费</td><td>材料费</td><td>机械费</td><td>管理费（20.54%）</td><td>利润（22.11%）</td><td>风险</td><td>人工费</td><td>材料费</td><td>机械费</td><td>管理费</td><td>利润</td><td>风险</td></tr>
<tr><td>4-1797</td><td>成套型吸顶式单管荧光灯安装</td><td>10套</td><td>0.1</td><td>149.4</td><td>776.77</td><td>—</td><td>59.76</td><td>20.92</td><td>—</td><td>14.94</td><td>77.68</td><td>—</td><td>5.98</td><td>2.09</td><td>—</td></tr>
<tr><td colspan="2">人工单价</td><td colspan="8">小计</td><td>14.94</td><td>77.68</td><td>—</td><td>5.98</td><td>2.09</td><td>—</td></tr>
<tr><td colspan="2">二类工90元/工日</td><td colspan="8">未计价材料费</td><td colspan="6">76.17</td></tr>
<tr><td colspan="10">清单项目综合单价</td><td colspan="6">100.7</td></tr>
<tr><td rowspan="5">材料费明细</td><td colspan="5">主要材料名称、规格、型号</td><td>单位</td><td>数量</td><td colspan="2">单价（元）</td><td colspan="2">合价（元）</td><td colspan="2">暂估单价（元）</td><td colspan="2">暂估合价（元）</td></tr>
<tr><td colspan="5">圆木台63~138×22</td><td>块</td><td>2.1</td><td colspan="2">—</td><td colspan="2">—</td><td colspan="2">—</td><td colspan="2">—</td></tr>
<tr><td colspan="5">单管荧光灯36W</td><td>套</td><td>1.01</td><td colspan="2">75.42</td><td colspan="2">76.17</td><td colspan="2">—</td><td colspan="2">—</td></tr>
<tr><td colspan="7">其他材料费</td><td colspan="2">—</td><td colspan="2">1.5</td><td colspan="2">—</td><td colspan="2">—</td></tr>
<tr><td colspan="7">材料费小计</td><td colspan="2">—</td><td colspan="2">77.67</td><td colspan="2">—</td><td colspan="2">—</td></tr>
</table>

综合单价分析表

工程名称：电气

项目编码	030412005002	项目名称	荧光灯	计量单位	套	工程量	4

清单综合单价组成明细

定额编号	定额项目名称	定额单位	数量	单价						合价					
				人工费	材料费	机械费	管理费（20.54%）	利润（22.11%）	风险	人工费	材料费	机械费	管理费	利润	风险
4-1798	成套型吸顶式双管荧光灯安装	10套	0.1	188.1	1224.81	—	75.24	26.33	—	18.81	122.48	—	7.52	2.63	—
人工单价		小计								18.81	122.48	—	7.52	2.63	—
二类工90元/工日		未计价材料费								120.98					
清单项目综合单价										151.44					

	主要材料名称、规格、型号	单位	数量	单价（元）	合价（元）	暂估单价（元）	暂估合价（元）
材料费明细	圆木台63~138×22	块	2.1	—	—	—	—
	双管荧光灯2×36W	套	1.01	119.78	120.98	—	—
	其他材料费			—	1.5	—	—
	材料费小计			—	122.48	—	—

综合单价分析表

工程名称：电气

<table>
<tr><td colspan="2">项目编码</td><td colspan="2">030404034001</td><td colspan="2">项目名称</td><td colspan="2">照明开关</td><td colspan="2">计量单位</td><td colspan="2">个</td><td colspan="2">工程量</td><td colspan="2">3</td></tr>
<tr><td colspan="16">清单综合单价组成明细</td></tr>
<tr><td rowspan="2">定额编号</td><td rowspan="2">定额项目名称</td><td rowspan="2">定额单位</td><td rowspan="2">数量</td><td colspan="6">单价</td><td colspan="6">合价</td></tr>
<tr><td>人工费</td><td>材料费</td><td>机械费</td><td>管理费（20.54%）</td><td>利润（22.11%）</td><td>风险</td><td>人工费</td><td>材料费</td><td>机械费</td><td>管理费</td><td>利润</td><td>风险</td></tr>
<tr><td>4-339</td><td>单联扳式暗开关安装（单控）</td><td>10套</td><td>0.1</td><td>58.5</td><td>94.53</td><td>—</td><td>23.4</td><td>8.19</td><td>—</td><td>5.85</td><td>9.45</td><td>—</td><td>2.34</td><td>0.82</td><td>—</td></tr>
<tr><td colspan="2">人工单价</td><td colspan="8">小计</td><td>5.85</td><td>9.45</td><td>—</td><td>2.34</td><td>0.82</td><td>—</td></tr>
<tr><td colspan="2">二类工90元/工日</td><td colspan="8">未计价材料费</td><td colspan="6">9.05</td></tr>
<tr><td colspan="10">清单项目综合单价</td><td colspan="6">18.47</td></tr>
<tr><td rowspan="4">材料费明细</td><td colspan="5">主要材料名称、规格、型号</td><td>单位</td><td>数量</td><td colspan="2">单价（元）</td><td colspan="2">合价（元）</td><td colspan="2">暂估单价（元）</td><td colspan="2">暂估合价（元）</td></tr>
<tr><td colspan="5">单联开关</td><td>只</td><td>1.02</td><td colspan="2">8.87</td><td colspan="2">9.05</td><td colspan="2">—</td><td colspan="2">—</td></tr>
<tr><td colspan="7">其他材料费</td><td colspan="2">—</td><td colspan="2">0.41</td><td colspan="2">—</td><td colspan="2">—</td></tr>
<tr><td colspan="7">材料费小计</td><td colspan="2">—</td><td colspan="2">9.46</td><td colspan="2">—</td><td colspan="2">—</td></tr>
</table>

综合单价分析表

工程名称：电气

<table>
<tr><td colspan="2">项目编码</td><td colspan="2">030404035001</td><td colspan="2">项目名称</td><td colspan="2">插座</td><td colspan="2">计量单位</td><td colspan="2">个</td><td colspan="2">工程量</td><td colspan="2">4</td></tr>
<tr><td colspan="16">清单综合单价组成明细</td></tr>
<tr><td rowspan="2">定额编号</td><td rowspan="2">定额项目名称</td><td rowspan="2">定额单位</td><td rowspan="2">数量</td><td colspan="6">单价</td><td colspan="6">合价</td></tr>
<tr><td>人工费</td><td>材料费</td><td>机械费</td><td>管理费（20.54%）</td><td>利润（22.11%）</td><td>风险</td><td>人工费</td><td>材料费</td><td>机械费</td><td>管理费</td><td>利润</td><td>风险</td></tr>
<tr><td>4-373</td><td>5孔单相暗插座15A安装</td><td>10套</td><td>0.1</td><td>75.6</td><td>148.99</td><td>—</td><td>30.24</td><td>10.58</td><td>—</td><td>7.56</td><td>14.9</td><td>—</td><td>3.02</td><td>1.06</td><td>—</td></tr>
<tr><td colspan="2">人工单价</td><td colspan="8">小计</td><td>7.56</td><td>14.9</td><td>—</td><td>3.02</td><td>1.06</td><td>—</td></tr>
<tr><td colspan="2">二类工90元/工日</td><td colspan="8">未计价材料费</td><td colspan="6">13.58</td></tr>
<tr><td colspan="10">清单项目综合单价</td><td colspan="6">26.54</td></tr>
<tr><td rowspan="4">材料费明细</td><td colspan="5">主要材料名称、规格、型号</td><td>单位</td><td>数量</td><td colspan="2">单价（元）</td><td colspan="2">合价（元）</td><td colspan="2">暂估单价（元）</td><td colspan="2">暂估合价（元）</td></tr>
<tr><td colspan="5">普通插座 5孔单相暗</td><td>套</td><td>1.02</td><td colspan="2">13.31</td><td colspan="2">13.58</td><td colspan="2">—</td><td colspan="2">—</td></tr>
<tr><td colspan="7">其他材料费</td><td colspan="2">—</td><td colspan="2">1.31</td><td colspan="2">—</td><td colspan="2">—</td></tr>
<tr><td colspan="7">材料费小计</td><td colspan="2">—</td><td colspan="2">14.89</td><td colspan="2">—</td><td colspan="2">—</td></tr>
</table>

综合单价分析表

工程名称：电气

<table>
<tr><td colspan="2">项目编码</td><td colspan="2">030411006001</td><td colspan="2">项目名称</td><td colspan="2">接线盒</td><td colspan="2">计量单位</td><td colspan="2">个</td><td colspan="2">工程量</td><td colspan="2">12</td></tr>
<tr><td colspan="16">清单综合单价组成明细</td></tr>
<tr><td rowspan="2">定额编号</td><td rowspan="2">定额项目名称</td><td rowspan="2">定额单位</td><td rowspan="2">数量</td><td colspan="6">单价</td><td colspan="6">合价</td></tr>
<tr><td>人工费</td><td>材料费</td><td>机械费</td><td>管理费（20.54%）</td><td>利润（22.11%）</td><td>风险</td><td>人工费</td><td>材料费</td><td>机械费</td><td>管理费</td><td>利润</td><td>风险</td></tr>
<tr><td>4-1545</td><td>接线盒暗装</td><td>10个</td><td>0.1</td><td>30.6</td><td>14.52</td><td>—</td><td>12.24</td><td>4.28</td><td>—</td><td>3.06</td><td>1.45</td><td>—</td><td>1.22</td><td>0.43</td><td>—</td></tr>
<tr><td colspan="2">人工单价</td><td colspan="8">小计</td><td>3.06</td><td>1.45</td><td>—</td><td>1.22</td><td>0.43</td><td>—</td></tr>
<tr><td colspan="2">二类工90元/工日</td><td colspan="8">未计价材料费</td><td colspan="6">0.91</td></tr>
<tr><td colspan="10">清单项目综合单价</td><td colspan="6">6.16</td></tr>
<tr><td rowspan="4">材料费明细</td><td colspan="5">主要材料名称、规格、型号</td><td>单位</td><td>数量</td><td colspan="2">单价（元）</td><td colspan="2">合价（元）</td><td colspan="2">暂估单价（元）</td><td colspan="2">暂估合价（元）</td></tr>
<tr><td colspan="5">灯头盒</td><td>只</td><td>1.02</td><td colspan="2">0.89</td><td colspan="2">0.91</td><td colspan="2">—</td><td colspan="2">—</td></tr>
<tr><td colspan="7">其他材料费</td><td colspan="2">—</td><td colspan="2">0.54</td><td colspan="2">—</td><td colspan="2">—</td></tr>
<tr><td colspan="7">材料费小计</td><td colspan="2">—</td><td colspan="2">1.45</td><td colspan="2">—</td><td colspan="2">—</td></tr>
</table>

综合单价分析表

工程名称：电气

项目编码		030411006002		项目名称		接线盒		计量单位		个		工程量		7	
清单综合单价组成明细															
定额编号	定额项目名称	定额单位	数量	单价						合价					
				人工费	材料费	机械费	管理费（20.54%）	利润（22.11%）	风险	人工费	材料费	机械费	管理费	利润	风险
4-1545	接线盒暗装	10个	0.1	30.6	14.52	—	12.24	4.28	—	3.06	1.45	—	1.22	0.43	—
人工单价		小计								3.06	1.45	—	1.22	0.43	—
二类工90元/工日		未计价材料费								0.91					
清单项目综合单价										6.16					
材料费明细	主要材料名称、规格、型号					单位		数量	单价（元）	合价（元）		暂估单价（元）		暂估合价（元）	
	接线盒					只		1.02	0.89	0.91		—		—	
	其他材料费								—	0.54		—		—	
	材料费小计								—	1.45		—		—	

综合单价分析表

工程名称：电气

<table>
<tr><td colspan="2">项目编码</td><td colspan="2">030411001001</td><td colspan="2">项目名称</td><td colspan="2">配管</td><td colspan="2">计量单位</td><td colspan="2">m</td><td colspan="2">工程量</td><td colspan="2">17.65</td></tr>
<tr><td colspan="16">清单综合单价组成明细</td></tr>
<tr><td rowspan="2">定额编号</td><td rowspan="2">定额项目名称</td><td rowspan="2">定额单位</td><td rowspan="2">数量</td><td colspan="6">单价</td><td colspan="6">合价</td></tr>
<tr><td>人工费</td><td>材料费</td><td>机械费</td><td>管理费（20.54%）</td><td>利润（22.11%）</td><td>风险</td><td>人工费</td><td>材料费</td><td>机械费</td><td>管理费</td><td>利润</td><td>风险</td></tr>
<tr><td>4-1062</td><td>砖、混凝土结构暗配电线管DN50</td><td>100m</td><td>0.01</td><td>999</td><td>1214.72</td><td>36.35</td><td>399.6</td><td>139.86</td><td>—</td><td>9.99</td><td>12.15</td><td>0.36</td><td>4</td><td>1.4</td><td>—</td></tr>
<tr><td colspan="2">人工单价</td><td colspan="8">小计</td><td>9.99</td><td>12.15</td><td>0.36</td><td>4</td><td>1.4</td><td>—</td></tr>
<tr><td colspan="2">二类工90元/工日</td><td colspan="8">未计价材料费</td><td colspan="6">9.83</td></tr>
<tr><td colspan="10">清单项目综合单价</td><td colspan="6">27.9</td></tr>
<tr><td rowspan="5">材料费明细</td><td colspan="5">主要材料名称、规格、型号</td><td>单位</td><td>数量</td><td colspan="2">单价（元）</td><td colspan="2">合价（元）</td><td colspan="2">暂估单价（元）</td><td colspan="2">暂估合价（元）</td></tr>
<tr><td colspan="5">水泥砂浆M10</td><td>m³</td><td>0.0061</td><td colspan="2">186.06</td><td colspan="2">1.13</td><td colspan="2"></td><td colspan="2"></td></tr>
<tr><td colspan="5">电线管DN50</td><td>m</td><td>1.03</td><td colspan="2">9.54</td><td colspan="2">9.83</td><td colspan="2">—</td><td colspan="2">—</td></tr>
<tr><td colspan="7">其他材料费</td><td colspan="2">—</td><td colspan="2">1.17</td><td colspan="2">—</td><td colspan="2">—</td></tr>
<tr><td colspan="7">材料费小计</td><td colspan="2">—</td><td colspan="2">12.13</td><td colspan="2">—</td><td colspan="2">—</td></tr>
</table>

综合单价分析表

工程名称：电气

<table>
<tr><td colspan="2">项目编码</td><td colspan="2">030408001001</td><td colspan="2">项目名称</td><td colspan="2">电力电缆</td><td colspan="2">计量单位</td><td colspan="2">m</td><td colspan="2">工程量</td><td colspan="2">21.88</td></tr>
<tr><td colspan="16">清单综合单价组成明细</td></tr>
<tr><td rowspan="2">定额编号</td><td rowspan="2">定额项目名称</td><td rowspan="2">定额单位</td><td rowspan="2">数量</td><td colspan="6">单价</td><td colspan="6">合价</td></tr>
<tr><td>人工费</td><td>材料费</td><td>机械费</td><td>管理费（20.54%）</td><td>利润（22.11%）</td><td>风险</td><td>人工费</td><td>材料费</td><td>机械费</td><td>管理费</td><td>利润</td><td>风险</td></tr>
<tr><td>4-739</td><td>铜芯电力电缆敷设 $10mm^2$（五芯）</td><td>100m</td><td>0.01</td><td>368.1</td><td>3024.29</td><td>11.61</td><td>147.24</td><td>51.53</td><td>—</td><td>3.68</td><td>30.24</td><td>0.12</td><td>1.47</td><td>0.52</td><td>—</td></tr>
<tr><td colspan="2">人工单价</td><td colspan="8">小计</td><td>3.68</td><td>30.24</td><td>0.12</td><td>1.47</td><td>0.52</td><td>—</td></tr>
<tr><td colspan="2">二类工90元/工日</td><td colspan="8">未计价材料费</td><td colspan="6">29.8</td></tr>
<tr><td colspan="10">清单项目综合单价</td><td colspan="6">36.03</td></tr>
<tr><td rowspan="5">材料费明细</td><td colspan="5">主要材料名称、规格、型号</td><td>单位</td><td>数量</td><td colspan="2">单价（元）</td><td colspan="2">合价（元）</td><td colspan="2">暂估单价（元）</td><td colspan="2">暂估合价(元)</td></tr>
<tr><td colspan="5">汽油</td><td>kg</td><td>0.0098</td><td colspan="2">9.12</td><td colspan="2">0.09</td><td colspan="2">—</td><td colspan="2">—</td></tr>
<tr><td colspan="5">铠装全塑铜芯电缆YJV22-5×10</td><td>m</td><td>1.01</td><td colspan="2">29.5</td><td colspan="2">29.8</td><td colspan="2">—</td><td colspan="2">—</td></tr>
<tr><td colspan="7">其他材料费</td><td colspan="2">—</td><td colspan="2">0.36</td><td colspan="2">—</td><td colspan="2">—</td></tr>
<tr><td colspan="7">材料费小计</td><td colspan="2">—</td><td colspan="2">30.25</td><td colspan="2">—</td><td colspan="2">—</td></tr>
</table>

综合单价分析表

工程名称：电气

项目编码		030408006001		项目名称		电力电缆头		计量单位		个		工程量		2	
清单综合单价组成明细															
定额编号	定额项目名称	定额单位	数量	单价						合价					
				人工费	材料费	机械费	管理费（20.54%）	利润（22.11%）	风险	人工费	材料费	机械费	管理费	利润	风险
4-828换	1kV以下户内干包电缆终端头制安35mm^{2}铜芯电力电缆头单价×1.2	个	1	45.36	76.24	—	18.14	6.35	—	45.36	76.24	—	18.14	6.35	—
人工单价		小计								45.36	76.24	—	18.14	6.35	—
二类工90元/工日		未计价材料费								—					
清单项目综合单价										146.09					
材料费明细	主要材料名称、规格、型号					单位	数量	单价（元）		合价（元）		暂估单价（元）		暂估合价（元）	
	自粘橡胶带20mm×5m					卷	0.72	12.43		8.98		—		—	
	精制带母镀锌螺栓$M10×100$内2平1弹垫					套	10.8	1.1		11.88		—		—	
	汽油					kg	0.36	9.12		3.28		—		—	
	镀锡裸铜绞线16mm^2					kg	0.24	58.91		14.14		—		—	
	铜铝过渡接线端子DTL-25mm^2					个	4.512	2.14		9.66		—		—	
	塑料手套					副	2.52	3.43		8.64		—		—	
	其他材料费							—		19.7		—		—	
	材料费小计							—		76.25		—		—	

综合单价分析表

工程名称：电气

<table>
<tr><td colspan="2">项目编码</td><td colspan="2">030411001002</td><td colspan="2">项目名称</td><td colspan="2">配管</td><td colspan="2">计量单位</td><td colspan="2">m</td><td colspan="2">工程量</td><td colspan="2">77.3</td></tr>
<tr><td colspan="16">清单综合单价组成明细</td></tr>
<tr><td rowspan="2">定额编号</td><td rowspan="2">定额项目名称</td><td rowspan="2">定额单位</td><td rowspan="2">数量</td><td colspan="6">单价</td><td colspan="6">合价</td></tr>
<tr><td>人工费</td><td>材料费</td><td>机械费</td><td>管理费（20.54%）</td><td>利润（22.11%）</td><td>风险</td><td>人工费</td><td>材料费</td><td>机械费</td><td>管理费</td><td>利润</td><td>风险</td></tr>
<tr><td>4-1250</td><td>砖、混凝土结构暗配刚性阻燃管DN20</td><td>100m</td><td>0.01</td><td>508.5</td><td>303.15</td><td>—</td><td>203.4</td><td>71.19</td><td>—</td><td>5.09</td><td>3.03</td><td>—</td><td>2.03</td><td>0.71</td><td>—</td></tr>
<tr><td colspan="2">人工单价</td><td colspan="8">小计</td><td>5.09</td><td>3.03</td><td>—</td><td>2.03</td><td>0.71</td><td>—</td></tr>
<tr><td colspan="2">二类工90元/工日</td><td colspan="8">未计价材料费</td><td colspan="6">2.5</td></tr>
<tr><td colspan="10">清单项目综合单价</td><td colspan="6">10.85</td></tr>
<tr><td rowspan="5">材料费明细</td><td colspan="5">主要材料名称、规格、型号</td><td>单位</td><td>数量</td><td colspan="2">单价（元）</td><td colspan="2">合价（元）</td><td colspan="2">暂估单价（元）</td><td colspan="2">暂估合价（元）</td></tr>
<tr><td colspan="5">水泥砂浆M10</td><td>m^3</td><td>0.0018</td><td colspan="2">186.06</td><td colspan="2">0.33</td><td colspan="2">—</td><td colspan="2">—</td></tr>
<tr><td colspan="5">刚性阻燃管DN20</td><td>m</td><td>1.1</td><td colspan="2">2.27</td><td colspan="2">2.5</td><td colspan="2">—</td><td colspan="2">—</td></tr>
<tr><td colspan="7">其他材料费</td><td colspan="2">—</td><td colspan="2">0.2</td><td colspan="2">—</td><td colspan="2">—</td></tr>
<tr><td colspan="7">材料费小计</td><td colspan="2">—</td><td colspan="2">3.03</td><td colspan="2">—</td><td colspan="2">—</td></tr>
</table>

综合单价分析表

工程名称：电气

<table>
<tr><td colspan="2">项目编码</td><td colspan="2">030411004001</td><td colspan="2">项目名称</td><td colspan="2">配线</td><td colspan="2">计量单位</td><td colspan="2">m</td><td colspan="2">工程量</td><td colspan="2">200.3</td></tr>
<tr><td colspan="16">清单综合单价组成明细</td></tr>
<tr><td rowspan="2">定额编号</td><td rowspan="2">定额项目名称</td><td rowspan="2">定额单位</td><td rowspan="2">数量</td><td colspan="6">单价</td><td colspan="6">合价</td></tr>
<tr><td>人工费</td><td>材料费</td><td>机械费</td><td>管理费（20.54%）</td><td>利润（22.11%）</td><td>风险</td><td>人工费</td><td>材料费</td><td>机械费</td><td>管理费</td><td>利润</td><td>风险</td></tr>
<tr><td>4-1359</td><td>管内穿照明线路铜芯2.5mm²</td><td>100m单线</td><td>0.01</td><td>69.3</td><td>184.69</td><td>—</td><td>27.72</td><td>9.7</td><td>—</td><td>0.69</td><td>1.85</td><td>—</td><td>0.28</td><td>0.1</td><td>—</td></tr>
<tr><td colspan="2">人工单价</td><td colspan="8">小计</td><td>0.69</td><td>1.85</td><td>—</td><td>0.28</td><td>0.1</td><td>—</td></tr>
<tr><td colspan="2">二类工90元/工日</td><td colspan="8">未计价材料费</td><td colspan="6">1.69</td></tr>
<tr><td colspan="10">清单项目综合单价</td><td colspan="6">2.91</td></tr>
<tr><td rowspan="6">材料费明细</td><td colspan="5">主要材料名称、规格、型号</td><td>单位</td><td>数量</td><td colspan="2">单价（元）</td><td colspan="2">合价（元）</td><td colspan="2">暂估单价（元）</td><td colspan="2">暂估合价（元）</td></tr>
<tr><td colspan="5">汽油</td><td>kg</td><td>0.005</td><td colspan="2">9.12</td><td colspan="2">0.05</td><td colspan="2">—</td><td colspan="2">—</td></tr>
<tr><td colspan="5">焊锡</td><td>kg</td><td>0.002</td><td colspan="2">36.87</td><td colspan="2">0.07</td><td colspan="2">—</td><td colspan="2">—</td></tr>
<tr><td colspan="5">绝缘导线BV-2.5mm²</td><td>m</td><td>1.16</td><td colspan="2">1.46</td><td colspan="2">1.69</td><td colspan="2">—</td><td colspan="2">—</td></tr>
<tr><td colspan="7">其他材料费</td><td colspan="2">—</td><td colspan="2">0.04</td><td colspan="2">—</td><td colspan="2">—</td></tr>
<tr><td colspan="7">材料费小计</td><td colspan="2">—</td><td colspan="2">1.85</td><td colspan="2">—</td><td colspan="2">—</td></tr>
</table>

综合单价分析表

工程名称：电气

<table>
<tr><td colspan="2">项目编码</td><td colspan="2">030411004002</td><td colspan="2">项目名称</td><td colspan="2">配线</td><td colspan="2">计量单位</td><td colspan="2">m</td><td colspan="2">工程量</td><td colspan="2">56.4</td></tr>
<tr><td colspan="16">清单综合单价组成明细</td></tr>
<tr><td rowspan="2">定额编号</td><td rowspan="2">定额项目名称</td><td rowspan="2">定额单位</td><td rowspan="2">数量</td><td colspan="6">单价</td><td colspan="6">合价</td></tr>
<tr><td>人工费</td><td>材料费</td><td>机械费</td><td>管理费（20.54%）</td><td>利润（22.11%）</td><td>风险</td><td>人工费</td><td>材料费</td><td>机械费</td><td>管理费</td><td>利润</td><td>风险</td></tr>
<tr><td>4-1360</td><td>管内穿照明线路铜芯4mm²</td><td>100m单线</td><td>0.01</td><td>48.6</td><td>283.81</td><td>—</td><td>19.44</td><td>6.8</td><td>—</td><td>0.49</td><td>2.84</td><td>—</td><td>0.19</td><td>0.07</td><td>—</td></tr>
<tr><td colspan="2">人工单价</td><td colspan="8">小计</td><td>0.49</td><td>2.84</td><td>—</td><td>0.19</td><td>0.07</td><td>—</td></tr>
<tr><td colspan="2">二类工90元/工日</td><td colspan="8">未计价材料费</td><td colspan="6">2.68</td></tr>
<tr><td colspan="10">清单项目综合单价</td><td colspan="6">3.59</td></tr>
<tr><td rowspan="6">材料费明细</td><td colspan="5">主要材料名称、规格、型号</td><td>单位</td><td>数量</td><td colspan="2">单价（元）</td><td colspan="2">合价（元）</td><td colspan="2">暂估单价（元）</td><td colspan="2">暂估合价(元)</td></tr>
<tr><td colspan="5">汽油</td><td>kg</td><td>0.005</td><td colspan="2">9.12</td><td colspan="2">0.05</td><td colspan="2">—</td><td colspan="2">—</td></tr>
<tr><td colspan="5">焊锡</td><td>kg</td><td>0.002</td><td colspan="2">36.87</td><td colspan="2">0.07</td><td colspan="2">—</td><td colspan="2">—</td></tr>
<tr><td colspan="5">绝缘导线BV-4mm²</td><td>m</td><td>1.1</td><td colspan="2">2.44</td><td colspan="2">2.68</td><td colspan="2">—</td><td colspan="2">—</td></tr>
<tr><td colspan="7">其他材料费</td><td colspan="2">—</td><td colspan="2">0.04</td><td colspan="2">—</td><td colspan="2">—</td></tr>
<tr><td colspan="7">材料费小计</td><td colspan="2">—</td><td colspan="2">2.84</td><td colspan="2">—</td><td colspan="2">—</td></tr>
</table>

综合单价分析表

工程名称：电气

<table>
<tr><td colspan="2">项目编码</td><td colspan="2">030409004001</td><td colspan="2">项目名称</td><td colspan="2">均压环</td><td colspan="2">计量单位</td><td colspan="2">m</td><td colspan="2">工程量</td><td colspan="2">58.32</td></tr>
<tr><td colspan="16">清单综合单价组成明细</td></tr>
<tr><td rowspan="2">定额编号</td><td rowspan="2">定额项目名称</td><td rowspan="2">定额单位</td><td rowspan="2">数量</td><td colspan="6">单价</td><td colspan="6">合价</td></tr>
<tr><td>人工费</td><td>材料费</td><td>机械费</td><td>管理费（20.54%）</td><td>利润（22.11%）</td><td>风险</td><td>人工费</td><td>材料费</td><td>机械费</td><td>管理费</td><td>利润</td><td>风险</td></tr>
<tr><td>4-917</td><td>避雷网安装利用圈梁钢筋均压环敷设</td><td>10m</td><td>0.1</td><td>43.2</td><td>1.21</td><td>7.55</td><td>17.28</td><td>6.05</td><td>—</td><td>4.32</td><td>0.12</td><td>0.76</td><td>1.73</td><td>0.61</td><td>—</td></tr>
<tr><td colspan="2">人工单价</td><td colspan="8">小计</td><td>4.32</td><td>0.12</td><td>0.76</td><td>1.73</td><td>0.61</td><td>—</td></tr>
<tr><td colspan="2">二类工90元/工日</td><td colspan="8">未计价材料费</td><td colspan="6">—</td></tr>
<tr><td colspan="10">清单项目综合单价</td><td colspan="6">7.52</td></tr>
<tr><td rowspan="3">材料费明细</td><td colspan="5">主要材料名称、规格、型号</td><td>单位</td><td>数量</td><td colspan="2">单价（元）</td><td colspan="2">合价（元）</td><td colspan="2">暂估单价（元）</td><td colspan="2">暂估合价（元）</td></tr>
<tr><td colspan="7">其他材料费</td><td colspan="2">—</td><td colspan="2">0.12</td><td colspan="2">—</td><td colspan="2">—</td></tr>
<tr><td colspan="7">材料费小计</td><td colspan="2">—</td><td colspan="2">0.12</td><td colspan="2">—</td><td colspan="2">—</td></tr>
</table>

综合单价分析表

工程名称：电气

项目编码		030409002001		项目名称		接地母线		计量单位		m		工程量		1.62	
清单综合单价组成明细															
定额编号	定额项目名称	定额单位	数量	单价						合价					
				人工费	材料费	机械费	管理费（20.54%）	利润（22.11%）	风险	人工费	材料费	机械费	管理费	利润	风险
4-905	户内接地母线敷设	10m	0.1	104.4	40.74	4.79	41.76	14.62	—	10.44	4.07	0.48	4.18	1.46	—
人工单价		小计								10.44	4.07	0.48	4.18	1.46	—
二类工90元/工日		未计价材料费								2.37					
清单项目综合单价										20.63					
材料费明细	主要材料名称、规格、型号				单位	数量	单价（元）			合价（元）		暂估单价（元）		暂估合价（元）	
	镀锌扁钢-25×4				m	1.05	2.26			2.37		—		—	
	其他材料费						—			1.71		—		—	
	材料费小计						—			4.08		—		—	

综合单价分析表

工程名称：电气

项目编码		030414011001		项目名称		接地装置		计量单位		系统		工程量		1	
清单综合单价组成明细															
定额编号	定额项目名称	定额单位	数量	单价						合价					
				人工费	材料费	机械费	管理费（20.54%）	利润（22.11%）	风险	人工费	材料费	机械费	管理费	利润	风险
4-1858	接地网系统装置调试	系统	1	451.2	3.97	128.33	180.48	63.17	—	451.2	3.97	128.33	180.48	63.17	—
人工单价		小计								451.2	3.97	128.33	180.48	63.17	—
一类工94元/工日		未计价材料费								—					
清单项目综合单价										827.15					
材料费明细	主要材料名称、规格、型号					单位	数量	单价（元）		合价（元）		暂估单价（元）		暂估合价（元）	
	其他材料费							—		3.97		—		—	
	材料费小计							—		3.97		—		—	

综合单价分析表

工程名称：电气

<table>
<tr><td colspan="2">项目编码</td><td colspan="2">030414002001</td><td colspan="2">项目名称</td><td colspan="2">送配电装置系统</td><td colspan="2">计量单位</td><td colspan="2">系统</td><td colspan="2">工程量</td><td colspan="2">1</td></tr>
<tr><td colspan="16">清单综合单价组成明细</td></tr>
<tr><td rowspan="2">定额编号</td><td rowspan="2">定额项目名称</td><td rowspan="2">定额单位</td><td rowspan="2">数量</td><td colspan="6">单价</td><td colspan="6">合价</td></tr>
<tr><td>人工费</td><td>材料费</td><td>机械费</td><td>管理费（20.54%）</td><td>利润（22.11%）</td><td>风险</td><td>人工费</td><td>材料费</td><td>机械费</td><td>管理费</td><td>利润</td><td>风险</td></tr>
<tr><td>4-1821</td><td>1kV以下交流供电系统调试（综合）</td><td>系统</td><td>1</td><td>451.2</td><td>3.97</td><td>54.47</td><td>180.48</td><td>63.17</td><td>—</td><td>451.2</td><td>3.97</td><td>54.47</td><td>180.48</td><td>63.17</td><td>—</td></tr>
<tr><td colspan="2">人工单价</td><td colspan="8">小计</td><td>451.2</td><td>3.97</td><td>54.47</td><td>180.48</td><td>63.17</td><td>—</td></tr>
<tr><td colspan="2">一类工94元/工日</td><td colspan="8">未计价材料费</td><td colspan="6">—</td></tr>
<tr><td colspan="10">清单项目综合单价</td><td colspan="6">753.29</td></tr>
<tr><td rowspan="3">材料费明细</td><td colspan="5">主要材料名称、规格、型号</td><td>单位</td><td>数量</td><td colspan="2">单价（元）</td><td colspan="2">合价（元）</td><td colspan="2">暂估单价（元）</td><td colspan="2">暂估合价(元)</td></tr>
<tr><td colspan="7">其他材料费</td><td colspan="2">—</td><td colspan="2">3.97</td><td colspan="2">—</td><td colspan="2">—</td></tr>
<tr><td colspan="7">材料费小计</td><td colspan="2">—</td><td colspan="2">3.97</td><td colspan="2">—</td><td colspan="2">—</td></tr>
</table>

综合单价分析表

工程名称：电气　　　　标段：某市公共厕所照明工程　　　　第1页　共20页

项目编码	031301017001	项目名称	脚手架搭拆	计措单位	项	工程措施	1

清单综合单价组成明细

定额编号	定额项目名称	定额单位	数量	单价				合价			
				人工费	材料费	机械费	管理费和利润	人工费	材料费	机械费	管理费和利润
BM33	脚手架搭拆费（第四册　电气设备安装工程）	元	1.0000	25.04	75.13	—	13.53	25.04	75.13	—	13.53
综合人工工日		小计						25.04	75.13	—	13.53
	其他材料费							—	75.13	—	—
	材料费小计							—	75.13	—	—

总价措施项目清单与计价表

工程名称：电气　　　　标段：某市公共厕所照明工程　　　　第1页　共2页

序号	项目编码	项目名称	基数说明	费率（%）	金额（元）	调整费率（%）	调整后金额（元）	备注
1	031302001001	安全文明施工费			131.82			
1.1	1.1	基本费	分部分项合计+技术措施项目合计-分部分项设备费-技术措施项目设备-税后独立费	1.5	115.63	—	—	—
1.2	1.2	增加费	分部分项合计+技术措施项目合计-分部分项设备费-技术措施项目设备-税后独立费	0	—	—	—	—
1.3	1.3	扬尘污染防治增加费	分部分项合计+技术措施项目合计-分部分项设备费-技术措施项目设备-税后独立费	0.21	16.19	—	—	—
2	031302010001	按质论价	分部分项合计+技术措施项目合计-分部分项设备费-技术措施项目设备-税后独立费	0	—	—	—	—
3	031302002001	夜间施工	分部分项合计+技术措施项目合计-分部分项设备费-技术措施项目设备-税后独立费	0	—	—	—	—
4	031302003001	非夜间施工照明	分部分项合计+技术措施项目合计-分部分项设备费-技术措施项目设备-税后独立费	0	—	—	—	在计取非夜间施工照明费时，建筑工程、仿古工程、修缮土建部分仅地下室（地宫）部分计取；单独装饰、安装工程、园林绿化工程、修缮安装部分仅特殊施工部位内施工项目可计取

总价措施项目清单与计价表

工程名称：电气　　标段：某市公共厕所照明工程　　第2页　共2页

序号	项目编码	项目名称	基数说明	费率（%）	金额（元）	调整费率（%）	调整后金额（元）	备注
5	031302004001	二次搬运	分部分项合计+技术措施项目合计-分部分项设备费-技术措施项目设备-税后独立费	0	—	—	—	—
6	031302005001	冬雨季施工	分部分项合计+技术措施项目合计-分部分项设备费-技术措施项目设备费-税后独立费	0	—	—	—	—
7	031302006001	已完工程及设备保护	分部分项合计+技术措施项目合计-分部分项设备费-技术措施项目设备费-税后独立费	0	—	—	—	—
8	031302008001	临时设施	分部分项合计+技术措施项目合计-分部分项设备费-技术措施项目设备费-税后独立费	1.6	123.34	—	—	—
9	031302009001	赶工措施	分部分项合计+技术措施项目合计-分部分项设备费-技术措施项目设备费-税后独立费	0	—	—	—	—
10	031302011001	住宅分户验收	分部分项合计+技术措施项目合计-分部分项设备费-技术措施项目设备费-税后独立费	0	—	—	—	在计取住宅分户验收时，大型土石方工程、桩基工程和地下室部分不计入计费基础
11	031302012001	建筑工人实名制	分部分项合计+技术措施项目合计-分部分项设备费-技术措施项目设备费-税后独立费	0	—	—	—	建筑工人实名制设备由建筑工人工资专用账户开户银行提供的，建筑工人实名制费用按表中费率乘以0.5系数计取
合计					255.16			

编制人（造价人员）：　　复核人（造价工程师）：

计日工表

工程名称：电气　　　　标段：某市公共厕所照明工程　　　　第1页　共1页

编号	项目名称	单位	暂定数量	实际数量	单价（元）	合价（无）	
						暂定	实际
1	人工	—	—	—	—	—	—
1.1	—	—	—	—	—	—	—
人工小计							
2	材料	—	—	—	—	—	—
2.1	—	—	—	—	—	—	—
材料小计							
3	机械	—	—	—	—	—	—
3.1	—	—	—	—	—	—	—
机械小计							
4	企业管理费和利润	—	—	—	—	—	—
4.1	—	—	—	—	—	—	—
企业管理费和利润小计							
总计							

2.3.3 例题

❶【多选题】依据《通风安装工程工程量计算规范》GB 50856—2013的规定，过滤器的计量方式是（　）。

A. 以“台”为单位计量，按设计图示数量计算

B. 以“m^2”为单位计量，按设计图示尺寸以过滤面积计算

C. 以“套”为单位计量，按设计图示数量计算

D. 以“m”为单位计量，按设计图示尺寸以长度或直径计算

❷【多选题】依据《通风安装工程工程量计算规范》GB 50856—2013的规定，柔性软风管的计量单位是（　）。

A. 节　　B. m　　C. m^2　　D. kg

❸【多选题】依据《通风安装工程工程量计算规范》GB 50856—2013的规定，通风管道绝热层的计量单位是（　）。

A. kg　　B. m　　C. m^2　　D. m^3

4 【单选题】**依据《通风安装工程工程量计算规范》GB 50856—2013的规定，工程量按设计图示外径尺寸以展开面积计算的通风管道是（　　）。**

A．碳钢通风管道　B．铝板通风管道　C．玻璃钢通风管道　D．塑料通风管道风管

2.3.4 例题解析

1 **【答案】**AB

【解析】本题考的是13清单计价规范的单位。

2 **【答案】**AB

【解析】本题考的是13清单计价规范的单位，柔性软风管的计量单位是节或者m。

3 **【答案】**CD

【解析】本题考的是13清单计价规范的单位，通风管道绝热层按照图示的表面积或者调整系数计算。

4 **【答案】**C

【解析】本题考的是13清单计价规范中的计算规则，工程量按设计图示外径尺寸以展开面积计算的通风管道是玻璃钢通风管道。

第三章

安装工程工程计价

第一节　施工图预算编制的常用方法

方法	定义与区别	适用范围
单价法	单价法是首先根据单位工程施工图计算出各分部分项工程和措施项目的工程量；然后从预算定额中查出各分项工程相应的定额单价，并将各分项工程量与相应的定额单价相乘，其积就是各分项工程的价值；再累计各分项工程的价值，即得出该单位工程的直接费；根据地区费用定额和各项取费标准（取费率），计算出各项费用等；最后汇总各项费用即得到单位工程施工图预算造价。预算单价法又称为工料单价法	这种编制方法，既可简化编制工作，又便于进行技术经济分析。但在市场价格波动较大的情况下，用该法计算的造价可能会偏离实际水平，造成误差，因此需要对价差进行调整
实物法	实物法首先根据单位工程施工图计算出各个分部分项的工程量；然后从消耗量定额中查出各相应分项工程所需的人工、材料和机械台班定额用量，再分别将各分项的工程量与其相应的定额人工、材料和机械台班的总耗用量相乘；再将所得的人工、材料和机械台班总耗用量，各自分别乘以当时当地的工资单价、材料预算价格和机械台班单价，其积的总和就是该单位工程的直接费：根据本地区取费标准进行取费，最后汇总各项费用，形成单位工程施工图预算造价	这种编制方法适用于工料因时因地发生价格波动变动情况下的市场经济

第二节　预算定额的分类、适用范围、调整与应用

1. 预算定额的分类

区分条件	分类
按编制单位和管理权限划分	全国统一定额、行业统一定额、地区统一定额、企业定额和补充定额五种
按专业性质分	建筑工程定额、安装工程定额、市政工程预算等等
按生产要素分	劳动定额、材料消耗定额和机械定额

2. 预算定额的适用范围

预算定额适应各省、市及自治区等建设工程计价的需要编制的。主要用于建设工程在招标投标中编制标底、投标报价的需要。在招标投标的工程量清单计价中起参考作用，施工企业可以在预算定额的消耗量范围内，通过自己的施工活动，按质按量地完成施工任务。

第三节　安装工程施工图预算的编制

扫码获取。

第四节　土建工程最高投标限价的编制

【例1】某工程施工合同价5800万元人民币，合同工期30个月。在工程施工过程中，遭受不可抗力的影响，造成了相应的损失。承包人在事件发生后向发包人提出索赔要求，并附索赔有关的材料和证据。承包人的索赔要求如下：

（1）要求一：已建部分工程造成破坏，损失30万元，应由发包人承担修复的经济责任。

（2）要求二：此灾害造成承包人现场人员受伤。涉及费用总计3.5万元，发包人应给予补偿。

（3）要求三：承包人现场使用的机械受到损坏，造成损失7.8万元；由于现场停工造成机械台班费损失3万元，工人窝工费5万元，发包人应承担修复和停工的经济责任。

（4）要求四：此灾害造成现场停工7天，要求合同工期顺延7天。

（5）要求五：由于工程被破坏，承包人进行了清理现场，涉及费用4万元，应由发包人支付。

问题：

1．不可抗力造成损失的承担原则是什么?

2．判断承包人提出的五项索赔要求是否成立，并说明原因?

【解析】:

1．因不可抗力事件导致的人员伤亡、财产损失及其费用增加，发承包双方应按以下原则分别承担并调整合同价款和工期。

①合同工程本身的损害、因工程损害导致第三方人员伤亡和财产损失以及运至施工场地用于施工的材料和待安装的设备的损害，由发包人承担。

②发包人、承包人人员伤亡由其所在单位负责，并承担相应费用。

③承包人的施工机械设备损坏及停工损失，由承包人承担。

④停工期间，承包人应发包人要求留在施工场地的必要的管理人员及保卫人员的费用由发包人承担。

⑤工程所需清理、修复费用，由发包人承担。

⑥因发生不可抗力事件导致工期延误的，工期相应顺延。发包人要求赶工的，承包人应采取赶工措施，赶工费用由发包人承担。

2．应对承包方提出的索赔要求按如下方式处理：

（1）要求一：①索赔成立。②工程本身的损害由发包人承担。

（2）要求二：①索赔不成立。②遭受不可抗力的袭击，损失由施工单位负责。

（3）要求三：①索赔不成立。②遭受不可抗力的袭击，损失由施工单位负责。

（4）要求四：①索赔成立。②因不可抗力事件导致工期延误的，工期相应顺延。

（5）要求五：①索赔成立。②工程所需清理、修复费用，由发包人承担。

【例2】某施工单位承包了某学校改造工程项目，甲乙双方签订关于工程价款的合同内容如下：

（1）本工程建筑与装饰工程造价5000万元（工程总造价），建筑材料及设备费占施工产值的比重为65%；

（2）工程预付款为总工程造价的15%。工程实施后，工程预付款从未施工工程所需的建筑材料及设备费相当于工程预付款数额时起扣，从每次结算工程价款中按照建筑材料及设备费占施工产值的比重扣抵工程预付款，竣工前全部扣清；

（3）工程进度款按月计算；

（4）本工程工期短，材料及设备价格包死，不做调整；

（5）工程质量保证金为工程总造价的3%，竣工结算月一次扣留；

（6）由于改造中出现变更，追加合同款为30万元。

工程各月实际完成产值见下表：

单位：万元

月份	4	5	6	7	合计
完成产值	60	130	200	110	500

（1）工程价款结算的方式有哪几种？

（2）该工程的工程预付款、起扣点为多少？

（3）该工程4月至6月每月拨付工程款为多少？累计工程款为多少？

（4）7月份办理竣工结算，该工程结算造价为多少？甲方应付工程结算为多少？

（5）该工程在保修期内发生屋面漏水，甲方多次催促乙方修理，乙方总是拖延，最后甲方另外请施工单位维修，维修费为2万元，请问该项费用如何处理？

【解析】：

（1）工程价款结算的主要方式为按月结算、分段结算、竣工后一次结算、目标结款方式、结算双方约定的其他结算方式。

（2）工程预付款：$5000 \times 15\% = 750$（万元）

工程预付款起扣点可按下式计算：

$$T = P - M/N$$

T——起扣点，即预付备料款开始扣回的累计完成工作量金额；

M——预付备料款数额；

N——主要材料，构件所占比重；

P——承包工程价款总额（或建安工作量价值）

根据公式计算预付款的起点：5000−750/68%=3897.06（万元）

（3）各月工程款为

4月：工程款500万元，累计工程款500万元

5月：工程款1400万元，累计工程款为：500+1400=1900（万元）

6月：1900+2150=4050（万元）

该月累计工程款 4050万元>3897.06万元，需要抵扣预付款，

则该月工程款应该为：2150−（4050−3897.06）×68%=2046.00（万元）

累计工程款为1900+2046.00=3946.00（万元）

（4）工程结算总造价：

由于追加合同款为280万元，合同价改变，建筑材料及设备价格不调整；竣工结算月一次性扣留3%工程质保金。因此，工程结算价为：5000+280=5280万元。甲方应付工程结算价款为：

5280−3946.00−5000×3%−750=433.9（万元）

（5）2万元维修费应该扣留的质量保证金中支付。

第五节　安装工程投标报价的编制

扫码获取。

第六节　安装工程价款结算和合同价款的调整

扫码获取。

第七节　安装工程竣工决算价款的编制

扫码获取。

由于案例部分存在地区差异，此处仅为通用案例，其余案例请扫描以下二维码进行各地本地化案例的学习，给您带来的不便敬请谅解。

增值服务：本书针对各地区清单计量和定额组价部分研发了专属案例练习册，正文扫码获取。

			更多地区专属案例题持续更新中……